Sibylle Luise Binder
Silke Behling
Anja Schriever

Pferde verstehen, erziehen und reiten

KOSMOS

Pferde verstehen

Pferde erziehen

Reiten lernen

Sibylle Luise Binder

Pferde verstehen

Was denkt mein Pferd?

Hätte man diese Frage vor 20 Jahren gestellt, wäre man in den Augen der Verhaltensforscher schon disqualifiziert worden. Damals war es nämlich Lehrmeinung, dass Tiere überhaupt nicht denken, sondern einem Reiz-Reaktions-Schema folgen. Doch im Gegensatz zu Verhaltensforschern haben Reiter nie an das Reiz-Reaktions-Schema geglaubt. Ihre Pferde zeigten ihnen jeden Tag, dass sie nicht einfach dem Instinktprogramm „Equus Caballus V7.3 beta" folgen, sondern höchst individuell agieren. Für Reiter war es nie eine Frage: Pferde denken.

Inzwischen gehen die Verhaltensforscher mit den Reitern konform. In den letzten Jahren hat man das Reiz-Reaktions-Schema wieder über Bord geworfen und ist stattdessen zu der Auffassung gekommen, dass Tiere durchaus denken – und mehr noch: Man gesteht ihnen sogar zu, dass sie Erfahrungen ganz individuell verarbeiten und dass sie lernen können, über ihre Instinkte hinaus zu handeln.

Für Pferdeleute ist das keine neue Erkenntnis. Sie erleben täglich Pferde, die mit Hunden freundschaftlich umgehen – und das, obgleich Caniden (Hundeartige) im Instinktprogramm des Pferdes als „Fressfeind" abgespeichert sind. Sie erleben, dass

Pferde nicht nur gelassen den Sattel und den Reiter tragen, sondern sogar daran Spaß haben können – obwohl ihr Instinkt ihnen eigentlich sagen müsste, dass etwas, was ihnen „im Nacken" sitzt, gefährlich ist. Pferde sind denkende, fühlende Wesen – für Reiter und Pferdeleute steht es außer Zweifel. Doch die Frage ist: Was denken Pferde? Können wir Menschen lernen, sie zu verstehen, um ihnen aus dem Verständnis heraus näher zu kommen? Ich denke, wir können es – und, was noch wichtiger ist: Wir sollten es. Und nicht nur, weil es uns den täglichen Umgang mit dem Pferd erleichtert, wenn wir einschätzen können, was es denkt und fühlt, sondern weil uns das Verständnis für die Psychologie des Pferdes, das Wissen über seine Art, die Welt zu sehen, zu hören, zu riechen und zu fühlen und Einblicke in sein Gefühls- und Familienleben einen Blick in eine andere, faszinierende Dimension erlauben. Pferde sind im Umgang wahrscheinlich die interessantesten Wesen, denen der Mensch je nahe gekommen ist – und das nicht nur, weil Pferde bei all ihrer kraftvollen Eleganz und Stärke so friedvolle Kreaturen sind, sondern weil sie geradezu prädestiniert für die Zusammenarbeit mit uns sind. Sie sind Herdentiere – und mehr noch: Sie sind Herdentiere, die für ihr Überleben in freier Natur darauf angewiesen waren, feinste Signale ihrer Gefährten wahrzunehmen.

Ein Pferd, das nicht in der Lage war, sich für Futtersuche und Flucht vor Fressfeinden in der Herde zu integrieren und mit ihr zu kooperieren, hatte weder große Überlebenschancen noch war es wahrscheinlich, dass es sich erfolgreich fortpflanzen konnte. Gleichzeitig mussten Pferde aber auch fähig sein, die „Sprache" ihrer Fressfeinde zu verstehen. Auf diese Art selektierte die Natur Pferde zu Spezialisten in sozialem Umgang mit anderen Individuen. Kein anderes Haustier kommuniziert auf einer so subtilen Ebene wie das Pferd, kein anderes ist so sehr fähig, unsere Stimmungen und Gefühle wahrzunehmen und darauf zu reagieren. Pferde scheinen Gedanken lesen zu können – und das sollte für uns Grund genug sein, uns der Mühe zu unterziehen, ihre Gedanken zu erforschen und darüber zu lernen.

Flucht-Spezialisten

Einst, als die ersten Equiden (Pferdeartigen) unterwegs waren, war die Erde noch von dichten Urwäldern überzogen. Wer darin überleben wollte, musste sich verstecken. Doch mit der zunehmenden Erderwärmung wichen die Wälder zurück und die Steppe breitete sich aus. Die Equiden mussten ihre Überlebenstaktik ändern. Verstecken war nicht mehr möglich. Wer nicht gefressen werden wollte, musste entweder stärker als die Fressfeinde sein – oder schneller. Die Pferde schafften es, schneller zu werden und durch ständige Fluchtbereitschaft ihr Überleben zu sichern.

In Hab-Acht-Stellung

Wer als Pferd in der Natur überleben wollte, musste seine Umgebung aufmerksam beobachten. Auch heutige Pferde haben immer dann, wenn sie sich nicht im vertrauten Stall befinden oder in der Sicherheit der Herde weiden, alles im Blick. Und mehr noch: Mit gespitzten Ohren belauschen sie ständig, was um sie herum vorgeht.

Auf der Flucht

Auch wenn Pferde schon seit Jahrtausenden domestiziert sind: Ständige Fluchtbereitschaft gehört immer noch zu ihrem Instinktprogramm. Eine Maus im Gras, ein Rascheln in den Büschen an der Koppel kann ausreichen, um sie aufzuscheuchen. Doch dahinter steckt nicht Feigheit, sondern Klugheit: Die Maus könnte vor einem Fressfeind weglaufen.

WUSSTEN SIE?

- Pferde verstehen die „Sprache“ des Feindes. Sie können einschätzen, ob eine über die Steppe streifende Löwin nur dahinschlendert oder ob sie einen Angriff plant.
- Pferde auf der Flucht können Spitzengeschwindigkeiten bis zu 50 Kilometer in der Stunde erreichen – und für eine ganze Weile diese dann auch durchhalten.
- Flucht ist anstrengend. Der Adrenalinspiegel im Blut steigt, der Puls erhöht sich von circa 60 auf über 200 Schläge in der Minute, der Schweiß tropft und die Körpertemperatur kann von 36,8 – 37,5 °C bis auf 40 °C ansteigen.

Zum Laufen geboren – das Erfolgsmodell Pferd

Evolutionsbiologen sagen, dass sich in den Babys einer Spezies immer der nächste Entwicklungsschritt der Evolution zeige. Betrachtet man ein Fohlen daraufhin, wird nicht nur klar, wohin sich die Spezies Equus Caballus ohne unsere Eingriffe entwickelt hätte, sondern wir können zudem etwas über die Priorität erfahren, der die Entwicklung des Pferdes gefolgt ist. Sie haben als Vierzeher angefangen, doch sie haben Hufe entwickelt, weil sie ihnen Tempovorteil verschaffen. Sie haben immer längere Beine und ein großes Lungenvolumen bekommen, weil sie damit vor fast jedem Feind weglaufen können.

Fohlen sind – noch viel mehr als ihre Eltern – Lauftiere. Alles an ihnen ist auf Tempo abgestellt: Die langen Beine, der kurze, kompakte Körper, die Bemuskelung an Hinterhand, Schulter und Hals, ein Herz-Kreislauf-System, das sowohl schnelle Starts wie auch Dauerleistung ermöglicht. Tatsächlich sind sie schon ab der ersten Stunde ihres Lebens fluchtbereit. Kaum geboren, strampeln sie sich auf die Beine und obwohl sie nicht sicher wissen, wo die Milchquelle ist – das Wissen, dass sie um ihr Leben rennen müssen, wenn die Herde flüchtet, ist ihnen angeboren.

Der Sehsinn – das Auge

Sich in die Sinneswelt eines anderen Wesens hineinzudenken, ist schwer – und beim Pferd wird es auch nicht leichter, da sich ihre Sinnesleistungen von unseren geradezu extrem unterscheiden. Das beginnt mit dem Gesichtssinn des Pferdes.
Darin gibt es gleich einige Punkte, in denen das Pferd ganz anders sieht als der Mensch. Erstens: Pferde haben den Rundumblick. Sie sehen nicht nur, was genau vor ihnen liegt, sondern auch noch alles, was in einem fast kompletten 360°-Winkel um sie herum geschieht.
Zweitens: Pferde erkennen nachts viel mehr als wir. Dafür sehen sie Farben vermutlich anders – ihr Spektrum reicht weiter. Allerdings nehmen Pferde die Welt deutlich unschärfer wahr als wir.

Die Sehachse

Der „Trick" für den Rundumblick des Pferdes ist die konvergierende Sehachse. Im Gegensatz zum Menschen, der mit beiden Augen einen bestimmten Punkt fokussiert, arbeiten Pferdeaugen unabhängig voneinander. Der Vorteil: Sie sehen mehr. Der Nachteil: Diese Informationsfülle kann nicht so detailliert verarbeitet werden wie bei uns. Ergebnis: Pferde sehen undeutlicher.

Rundumblick

Stellen Sie sich vor, Sie könnten sehen, was hinter Ihrem Rücken vorgeht. Unmöglich? Für Pferde nicht. Mit ihren seitlich am Kopf liegenden Augen können sie nicht nur wahrnehmen, was sich vor ihrer Nase abspielt, sondern auch, was in der Umgebung geboten wird.

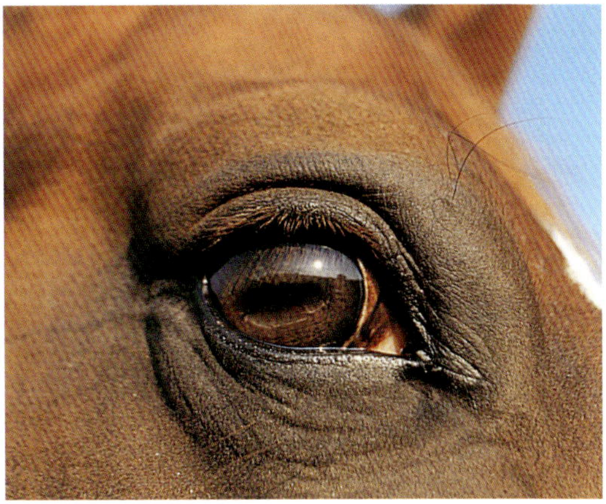

Das geheimnisvolle Schimmern

Haben Sie schon einmal in ein Pferdeauge gesehen? Dann ist Ihnen sicher das geheimnisvoll-goldene Schimmern im Augenhintergrund aufgefallen. Verantwortlich dafür ist das so genannte „Tapetum Lucidum", eine Leuchtschicht im Pferdeauge, die gemeinsam mit der ovalen Pupille dafür sorgt, dass das Restlicht so verstärkt wird, dass Pferde auch bei Dunkelheit gut sehen. Das hat aber einen Nachteil, der sich für das Pferd in der Natur nicht auswirkt, dafür aber in menschlicher Obhut Schwierigkeiten machen kann: Pferdeaugen passen sich nicht so schnell an wechselnde Lichtverhältnisse an. Beim Übergang vom Hellen ins Dunkel brauchen Pferde einen Moment, bis sie wieder klar sehen.

Im toten Winkel

Wollten Sie schon immer mal mit Ihrem Pferd tiefe Blicke austauschen? Dann stellen Sie sich bitteschön nicht direkt vor das liebe Tier. Direkt vor seiner Nase hat das Pferd nämlich einen toten Winkel. Ihr Gesicht da vorne ist nicht mehr als ein Fleck – der sogar erschrecken kann. Ein einigermaßen klares Bild bekommt ein Pferd nur, wenn es etwas von der Seite betrachten kann.
Dafür aber sehen Pferde „schneller" als wir. Werden uns mehr als 20 Bilder pro Sekunde vorgesetzt, nehmen wir sie nicht mehr einzeln wahr, sondern ziehen sie zu einer Bewegungssequenz zusammen (auf diesem Trick basiert Film). Pferde dagegen können bis zu 25 Bilder pro Sekunden sehen und daher auch noch Bewegungen und Formveränderungen in ihrer Umwelt wahrnehmen, die uns entgehen.

Der Hörsinn – die Ohren

Pferdeohren erfüllen eine Doppelfunktion. Sie sind Sinnesorgan und Ausdrucksmittel in der Kommunikation zwischen Pferden. Ihre Entwicklung als Sinnesorgan ist wieder einmal eng mit der Evolution des Pferdes als Fluchttier verbunden. Der Gehörsinn ist nämlich einer von den Sinnen, die keine Aktivität vom Benutzer verlangen. Selbst im Schlaf nehmen Pferde Geräusche wahr – und das „Aussortieren" darauf, ob ein Geräusch aktive Aufmerksamkeit verlangt oder „überhört" werden kann, funktioniert unterbewusst. Dabei liefert das Instinktprogramm die Parameter: Ein leises Rascheln kann von einem anschleichenden Feind verursacht sein, ist also gefährlich. Ein kreisendes Modellflugzeug hingegen interessiert ein Pferd nicht sehr – es hat ja keine Flugfeinde.

WUSSTEN SIE?

- Pferde hören „mehr" als Menschen. Sie können Frequenzen wahrnehmen, die für uns nicht hörbar sind.
- Pferde mögen Musik. Man kann nachweisen, dass sanfte Musik – wie Mozart – beruhigend auf sie wirkt.

Mit gespitzten Ohren

Wenn Pferde unsere Ohren beurteilen könnten, würden wir wahrscheinlich nicht gut wegkommen. Im Vergleich zu ihren können unsere nämlich fast nichts: Man kann sie nicht drehen, man kann sie nicht aufstellen, sie funktionieren nicht unabhängig voneinander. Und weil sie flach an unserem Kopf liegen, fangen sie auch weniger ein als die Trichterohren des Pferdes, die Schallwellen gezielt ins Innenohr weiterleiten. Pferde hören definitiv besser. Doch das wirklich geniale an ihrem Hörvermögen sind nicht die Ohren, sondern ist die Informationsverarbeitungszentrale, die dazwischen liegt: Das Hörzentrum im Pferdegehirn. Das schafft es nämlich, aus der Fülle von Informationen, die in jeder Minute dort eintreffen, immer die herauszufiltern, die für das Pferd wirklich wichtig sind.

Pferde hören schneller

Verhaltensforscher gehen davon aus, dass die Seh- und Hörfrequenz aneinander gekoppelt sind. Pferde können 25 Bilder pro Sekunde unterscheiden – und dementsprechend können sie vermutlich auch Schallimpulse in entsprechender Frequenz empfangen. Dazu kommt, dass ihr Hörumfang weiter reicht als unserer. Das heißt, sie können höhere und tiefere Töne hören als wir.

Immer bereit

Pferde sind in einem ständigen Zwiespalt: Auf der einen Seite müssen sie immer wachsam sein, auf der anderen Seite müssen sie fressen. Doch die Evolution hat dafür gesorgt, dass sich diese beiden Bedürfnisse nicht gegenseitig ausschließen. Hat das Pferd den Kopf im Gras, sieht es zwar nicht mehr viel um sich herum – aber die Ohren überwachen die Umgebung.

Eine Ausrichtungsfrage

Was kommt da von hinten? Das Pony im Bild ist nicht ganz sicher, ob das, was sich da gerade annähert, ihm nicht sein Fressen streitig machen könnte. Die Reaktion: Lauschen mit nach hinten gedrehten Ohren – und gleichzeitig werden die Ohren schon einmal in Halb-Droh-Haltung angelegt.

Der Geruchssinn

Haben Sie schon einmal in eine Mineralwasserflasche hineingerochen? Nein? Sie meinen, das bringe nichts, weil sauberes Wasser nicht rieche?
Aus menschlicher Perspektive haben Sie Recht. Doch wenn Sie Pferd wären, würden sie wahrscheinlich gerne an der Flasche schnüffeln. Der Geruchssinn des Pferdes ist deutlich besser ausgeprägt als der unsere. Darum können sie Wasser sogar auf weite Entfernungen riechen – eine Fähigkeit, die fürs Überleben in freier Natur sehr wichtig ist und sogar ausschlaggebend sein kann. Doch für Pferde riecht nicht nur Wasser. Sie erkennen sich gegenseitig am Geruch und sie wissen, wie ihr Futter riechen muss.

Die Supernase

Bei Pferdenasen gibt's ein wenig „mehr" von fast allem: Mehr an Oberfläche, dadurch mehr Riechfäden, also mehr Geruchssinn. Und damit nicht genug: Es gibt auch noch den „Organ-Mehrwert": Innerhalb der Pferdenase befindet sich das so genannte „Jacobson'sche Organ", das vermutlich der Geruchsverstärkung dient.

Aktiv oder passiv riechen

Der Geruchssinn funktioniert im Zwei-Wege-System: Zum einen ist er ein passiver Sinn – also einer von denen, die sich nicht abschalten lassen. Zum anderen können ihn Pferde aber auch aktiv einsetzen – wie der Schimmel im Bild zeigt: Er hat die Nüstern weit geöffnet, um damit alles, was ihm an olfaktorischen Reizen in der Umgebung geboten wird, aufzunehmen.

Wasser gefunden!

Pferde können Wasser nicht nur über weite Entfernungen riechen, sondern – zumindest in der Natur – auch zwischen „gutem“ und verdorbenem Wasser unterscheiden. Allerdings müssen wir als Reiter heute dennoch aufpassen, wo wir unsere Pferde trinken lassen. Chemische Verschmutzungen können sie nämlich nicht sicher erkennen.

Flehmen

Er will es ganz genau wissen: Dem Braunen im Bild ist ein ganz besonders interessanter Geruch in die Nase gestiegen. Und als Pferd hat er die Möglichkeit, den einer intensiven Prüfung zu unterziehen: Er klappt einfach die Oberlippe über die Nase, womit er den Geruch „konserviert“ und – so vermuten jedenfalls Hippologen – das Jacobson'sche Organ aktiviert, das ihm bei der Auswertung des Duftes hilft. Das Ganze nennt man „Flehmen“.

Und nein, geflehmt wird bei Pferden nicht nur, wenn etwas unangenehm riecht. Ganz im Gegenteil: Unangenehmen Gerüchen – wozu zum Beispiel zu viel Parfüm bei ihren Menschen oder „Odeur vergammelt“ gehören – gehen sie lieber aus dem Weg. Dafür flehmen Pferdeherren sehr ausführlich, wenn sie den Geruch einer rossigen Stute in die Nase bekommen.

Der Geschmackssinn

Pferde sind Feinschmecker. Wie bei uns, sitzen auf ihrer Zunge Tausende von Geschmackspapillen, die zwischen süß, sauer, salzig und bitter unterscheiden können. Allerdings unterscheidet sich ihr Geschmackssinn deutlich von unserem. Während die meisten Menschen bitter eher als unangenehm empfinden, mögen Pferde Bitterstoffe meist sehr gerne. Und das macht auch Sinn: Einige von den Kräutern, die sie für ihre Gesunderhaltung brauchen, schmecken ausgesprochen bitter.
Der Geschmack für Süßes ist Pferden übrigens nicht angeboren. Die meisten Fohlen mögen keinen Zucker. Dass viele von ihnen später trotzdem ganz wild darauf sind, ist Konditionierung durch den Menschen, der ihnen Zucker als Belohnung anbietet.

Guten Appetit!

Würde man Pferde nach ihrem Lieblingsessen fragen, würden sie wahrscheinlich sagen: „Frisches Gras!“
Das ist auch gut so, denn frisches Gras ist ihr wichtigstes Grundnahrungsmittel. Davon brauchen sie am meisten, daraus beziehen sie den größten Teil ihrer Energie. Bei ihnen stimmt die Gleichung „Schmeckt gut – tut gut“.

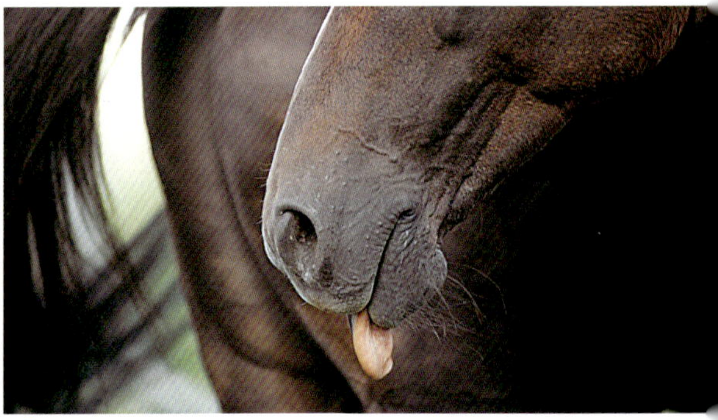

Feine Zunge

Pferde sind wie Menschenkinder: Begegnen sie etwas Neuem, möchten sie es mit allen Sinnen „begreifen“. Dazu gehört, dass sie daran lecken. Ihre Zunge ist ein Sinnesorgan, das ihnen eine ganze Menge Informationen liefert – und zwar weit über den Geschmack hinaus. Die Zunge kann auch tasten und damit Formen und Oberflächen erfassen.

Wählerisch? Und wie!

Pferde sind absolut keine Allesfresser, sondern ausgesprochene Feinschmecker. Sie suchen sorgfältig aus, was sie fressen – und das geht sogar so weit, dass sie in ihrem Heu erst einmal die schmackhaftesten Kräuter herauspicken oder kleine Blättchen aus dem Sand sortieren können.

Schmeckt!

Bevor Pferde kräftig zubeißen, wird das Futter auf seine Fressbarkeit geprüft.
Der Braune hat den Apfel für gut befunden und lässt ihn sich schmecken. Anschließendes Lecken an Händen oder auf anderen Oberflächen scheint den Geschmack zu verstärken und den Genuss zu verlängern.

WUSSTEN SIE?

- Pferde mögen Abwechslung in ihrem Speiseplan. Immer nur Hafer, Heu und eine Karotte als Leckerli wird ihnen schnell langweilig. Wer ihnen etwas bieten will, kann es zum Beispiel auch einmal mit Aprikose, Banane, Mandarine, Roter Beete, Chikoree oder Petersilie probieren.
- Pferde sind ausgesprochen wählerisch und echte Individualisten, wenn es um Futter geht. Doch glücklicherweise verraten sie ihrem Menschen sehr schnell, was sie mögen und was nicht. Ein unbeliebtes Leckerli wird einfach ausgespuckt oder gar nicht erst angenommen.

Der Tastsinn

Den Tastsinn gibt es gleich in zwei Ausführungen: In der aktiven Version – mit Tasthaaren, Lippen und Hufen – und in der passiven, die Berührungen meldet. In beiden Fällen sind Pferde ausgesprochen sensibel. Ihre Tasthaare liefern ihnen zum Beispiel Informationen darüber, wie weit etwas von ihnen entfernt ist, während sie mit den Lippen Oberflächenstrukturen und Formen erfassen können. Die Hufe unterdessen tasten den Boden ab. Der passive Tastsinn dagegen nimmt wahr, ob da eine Hand streichelt oder ein Insekt sich zum Stechen anschickt.

Tasthaare unter Druck?

Pferde haben eine Menge Tasthaare: Um die Augen herum, an der Nase, unter dem Maul. Aber wie funktionieren sie? Haare sind „totes" Material und eigentlich gefühllos. Der Trick ist das „Darunter": In der Haut unter den Tasthaaren stecken Zellen, die auf Druck und Richtungsveränderung reagieren. Das Tasthaar ist die „Antenne", die diese Zellen mit Informationen versorgt.

Gefühlszone Maul

Was macht ein Pferd, wenn es sich etwas genauer ansehen will? Es setzt seine Lippen zum „Betasten" ein. Und während die Lippen aktiv betasten, sind die darum herum liegenden Tasthaare an der passiven Informationsaufnahme beteiligt. Im Zusammenspiel ergibt sich für das Pferd ein klares „Tastbild" – weswegen man ihm übrigens nie die Tasthaare abschneiden sollte.

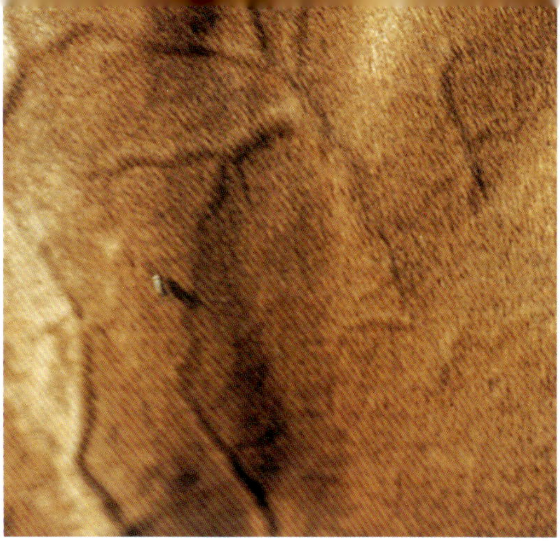

Die Haut …

… ist eines der sensibelsten Sinnesorgane des Pferdes. Obwohl sie von Fell bedeckt ist, spürt das Pferd jede feine Berührung – angefangen von der Fliege, die sich auf seinem Rücken niederlässt bis zum Finger, der sanft darüber streicht. Und auch diesbezüglich mögen Pferde Abwechslung: Fellhandschuh, Gummistriegeln, Streicheln – sie genießen Tastreize auf der Haut.

Ganz schön kitzelig!

Dem Fuchs im Bild wurden die Fliegen, die auf seiner Schulter herumkletterten, zu dumm. Ein kräftiges Schütteln wehrt die Plagegeister ab – bis sie kurze Zeit später wiederkommen.
Mähne, Fell und Schweif dienen übrigens auch als Wetterschutz: Sie fungieren als „Regenrinne“ bei Niederschlägen und Isolierung bei Hitze und Kälte.

Es juckt!

Wie fein die Pferdehaut empfindet, merkt man als Reiter unter anderem daran, wie Pferde auf das, was wir ihnen „anziehen“, reagieren. Vor allem der Schweiß, der sich unter einem Halfter bildet, scheint sie zu stören. Die typische Reaktion darauf ist es, die juckende Stelle zu scheuern – auf der Koppel am Bein, in der Halle aber auch gerne am Reiter.

Zeit- und Orientierungssinn

Unsereins ist ohne Uhr aufgeschmissen. Und wenn wir in unbekanntem Gelände unterwegs sind, brauchen wir Karte und Kompass. Pferde haben es da einfacher: Sie haben eine eingebaute Uhr – die übrigens nicht nur Stunden und Minuten anzeigt, sondern dazu einen Jahreskalender bietet. Und was die Orientierung angeht, so haben Pferde gleich zwei eingebaute Navigationssysteme. Zum einen ist ihr Gedächtnis so gut, dass sie sich Wege, die sie einmal gegangen sind, merken und zu einer Art „Karte“ verbinden können. Zum anderen aber können sie sich – ähnlich wie Brieftauben – an den Magnetlinien der Erde orientieren. Damit schaffen sie es, sogar aus unbekanntem Gelände über weite Entfernungen auf direktem Weg zu ihrem Ziel zu finden.

Die innere Uhr

Woher wissen Pferde, wie viel Uhr es ist? Dass sie es wissen, ist jedem klar, der schon einmal ausführlicher ein Pferd beobachtet hat. Es weiß genau, was wann geboten ist – vom Weidegang über die Fütterungszeiten bis hin zu den regelmäßigen Reitstunden. Doch wie der Zeitsinn funktioniert, wissen nicht einmal Biologen ganz genau. Sie vermuten, dass der „Takt des Lebens“, der innere Zeitgeber, nicht durch ein einzelnes Organ gesteuert wird, sondern durch den Rhythmus, in dem die Zellen arbeiten.

WUSSTEN SIE?

- Der Zeitsinn der Pferde funktioniert nicht nur im 24-Stunden-Takt, sondern sogar darüber hinaus im Wochen-, Monats- und Jahresrhythmus. Regelmäßig wiederkehrende Ereignisse können sie sich merken.
- Auf den Tagesrhythmus bezogen, scheint die „innere Uhr“ der Pferde ein wenig schneller zu ticken. Dadurch sind sie immer etwas zu früh dran.

Der Pfadfinder

Für Wanderer kann es ein Problem sein: Sie nehmen eine Abkürzung – und schon haben sie sich verlaufen. Reitern geht es da besser: Wenn sie nicht mehr so genau wissen, wo sie sind, können sie sich ihrem Pferd anvertrauen. Es kennt den Heimweg – und sogar noch besser: Es kennt sogar den direktesten Weg zurück in den Stall – und spätestens zur Futterzeit wird es den einschlagen.

Orientierungstraining

Der Verhaltensforscher Bernhard Grzimek war einst sehr enttäuscht: Er testete mit Zuchtstuten den Orientierungssinn der Pferde – und erwischte dabei lauter Damen, die nicht nach Hause fanden.

Heute weiß man, wo der Fehler in seinem Versuch lag: Um aus unbekanntem Gelände heimzufinden, müssen Pferde ihren Orientierungssinn trainieren. Das gelingt ihnen am besten in der Herde. In der führt nämlich die erfahrene Leitstute, die ihren Orientierungssinn schon seit Jahren einsetzt, an.

Sicherheit in der Herde

In der Natur hat ein einzelnes Pferd keine Chance. Es würde es schlichtweg nicht schaffen, auf sich aufzupassen, genügend Futter zu finden, zum Wasserloch zu ziehen und auch noch ausreichend zu schlafen. Darum haben sich Pferde zu Herdentieren entwickelt. In der Herde können sie Aufgabenverteilung betreiben – einer wacht, die anderen fressen oder schlafen, einer führt, die anderen sichern – und ihr Bedürfnis nach Kommunikation befriedigen. Die Rangordnung gibt ihnen Sicherheit und im Zusammensein mit anderen Pferden fühlen sie sich geborgen.

Teamwork

Pferde sind Spezialisten für Teamwork – vor allem in Herden, die aufeinander eingeschossen sind und in denen die Rangordnung geklärt ist. Dabei verlassen sich die Pferde aufeinander. Der, der Wachdienst hält, weiß, dass er in absehbarer Zeit abgelöst wird. Der, der gerade frisst, kann sich darauf verlassen, dass andere auf ihn aufpassen.

Früh übt sich

Die „Jobs“, die ein Pferd in der Herde abbekommt, sind nicht nur im Instinktprogramm verankert, sondern müssen geübt werden. Pferdekinder lernen spielerisch. Ihre angeborene Neugier lässt sie die Umgebung aufmerksam beobachten – wobei sie schon für den Wachdienst üben. Und dafür, dass sie in der Herde mitlaufen, sorgt die Mama.

In perfekter Formation

Zu den schönsten Bildern, die die Natur zu bieten hat, gehört der Anblick einer galoppierenden Pferdeherde. Auf den ersten Blick sieht es aus, als ob jedes Pferd darin einfach läuft, wie es ihm gefällt. Doch auf den zweiten sieht man Ordnung im Chaos. Pferdeherden sind synchronisiert wie Tanzformationen. Jeder kennt darin seine Position, jeder passt in jedem Moment auf die anderen auf – und so ist es für Pferdeherden kein Problem, ohne Rempeleien abzuwenden, Tempo aufzunehmen oder zu verlangsamen.

Dahinter steckt eine „Abwehrstrategie“: Pferdeherden schließen sich dann in Formation zusammen, wenn sie eine Situation als gefährlich empfinden. Dabei ist es wichtig, dass sie eng zusammen bleiben – dann wird es nämlich für ein hungriges Raubtier fast unmöglich, sich ein einzelnes Pferd aus dem Gewoge herauszusuchen und es anzugreifen. Des Weiteren dient die Formation auch dazu, die Schwächsten – nämlich die Fohlen – zu beschützen. Sie laufen an der Schulter der Mutter mit und werden fast immer noch an der Seite von einem anderen Pferd abgeschottet. Die beste Position haben die ranghohen Stuten – sie laufen vorne. Der Hengst hingegen hat die schlechteste: Er muss die Herde nach hinten decken.

WUSSTEN SIE?

- In der Natur sind Pferdeherden eher Kleinfamilien, die aus drei bis fünf Stuten plus Fohlen und dem dazugehörenden Herdenhengst bestehen.
- Bei Pferden herrscht Geschlechtertrennung. Stuten lassen nur einen Hengst zu. Die anderen schließen sich zu Junggesellenverbänden zusammen.

Herdenstruktur

Erinnern Sie sich noch an die Filme, in denen imponierende Hengste ihren Stutenharem mit Gewalt zusammenhielten? Diese Filme dürfen Sie vergessen. In der Pferdewelt herrscht nämlich das Matriarchat. Ein Hengst hat keine Chance, Stuten zu unterdrücken – die Damen können ja weglaufen.

Überhaupt ist „Gewalt“ kein Machtmittel im Herdenverband. Pferde prügeln sich durchaus einmal um die Rangordnung, doch um die Stellung als Alpha-Tier zu behaupten, braucht man mehr als Kraft. Pferde wollen von Erfahrung und sozialer Kompetenz überzeugt werden.

Ich bin der Boss!

Das Gesicht der Stute im Bild sagt es eindeutig: Sie ist das Alpha-Tier – und sie weiß es. Ihr Gesicht drückt Selbstbewusstsein und Stärke aus, das Wissen darum, dass sie die Autorität in der Herde ist und dass die anderen ihr gehorchen. Damit verbunden ist aber auch eine große Verantwortung. Sie weiß, dass sie sich keine Fehler leisten darf – die anderen hängen von ihr ab.

Der Underdog

Kennen Sie den Ausdruck „den Kopf einziehen“? Bei uns zieht den Kopf ein, wer nicht viel zu melden hat – und bei Pferden ist das nicht anders. Die Underdogs in der Herde machen sich optisch klein, indem sie den Kopf senken. Dabei legen sie durchaus einmal die Ohren an – Gefallen finden sie an ihrer Position ja meist nicht. Aber wer nimmt schon einen Underdog ernst?

Geh weg ...

... ich kann dich nicht riechen! Pferde begrüßen sich, indem sie sich gegenseitig an der Nase beschnuppern. Was dem Schimmel zu dem Braunen einfällt, ist klar: Er droht ihm mit angelegten Ohren. Der Schimmel ist das ranghöhere Tier. Sonst würde er vor der Drohung auf Abstand gehen.

Volle Breitseite!

Fohlen haben es einfach in der Pferde-Hierarchie: Solange sie gesäugt werden, nehmen sie automatisch den Rang ihrer Mütter ein – und lernen sehr schnell, ihn gegenüber anderen Pferden zu verteidigen, wie der kleine Fuchs im Bild beweist. Er ist offensichtlich ein Prinz – Nachkomme einer ranghohen Stute. Als solcher muss er nicht um den rangniederen Braunen herumgehen, sondern kann ihn durch frontales Ansteuern der Breitseite – was man „treiben" nennt – dazu auffordern, ihm auszuweichen.

Miteinander, gegeneinander, füreinander

Der Vorteil einer klaren Rangordnung ist, dass jeder genau weiß, wo er hingehört. Das gibt Sicherheit.
Allerdings muss eine Hierarchie erst einmal installiert werden – wozu man sich miteinander auseinander setzen muss. Der Vorteil bei Pferden ist jedoch, dass sie nicht nachtragend sind. Ist die Rangfrage erst einmal klar entschieden, beschränkt sich der Ranghöhere künftig auf ein kleines „Erinnerungs-Angiften“. Und auch unter Pferden, die sich nicht besonders mögen, ist eines immer klar: Man passt dennoch aufeinander auf, denn vom funktionierenden Teamwork ist schließlich das Überleben des ganzen Verbandes abhängig.

Nickerchen in Sicherheit

Um sich Ruhe gönnen zu können, müssen Pferde sich absolut sicher fühlen. Und die größte Sicherheit, die es für sie geben kann, ist der Wachdienst der Herde. Normalerweise ist jeder mal mit Wachehalten an der Reihe – außer den Fohlen. Sie dürfen „ausschlafen“.

Nervender Kumpel

Der Schutz der Herde nützt allerdings nicht viel, wenn der Spielkamerad kommt und nervt. Hier helfen weder Tante noch Mama: Vor dem muss sich das Fuchsfohlen selbst in Sicherheit bringen. Hier hilft nur: Ignorieren und weiterschlafen oder aufstehen und mitspielen.
Wenn man die Beine des Liegenden genau betrachtet, sieht man, dass er sich bereits aufrappelt.

Mittagsschlaf mit Fächer

Am besten döst es sich mit der Freundin Kopf an Po. Das hat zwei entscheidende Vorteile: Zum einen bietet der Po der anderen einen automatischen Fliegenwedel. Bei jedem Schweifschlagen werden die Fliegen vom Gesicht gewischt. So spart man sich das Schütteln und wird die kleinen Quälgeister dennoch los.
Zum anderen können sich keine Feinde von hinten anschleichen, da jede von ihnen einen anderen Blick- und Hörwinkel abdeckt. Die Absicherung ist nach allen Seiten gegeben und der Doppelpack ist sicher vor unangenehmen Überraschungen.
Außerdem fördert das miteinander Dösen den Zusammenhalt der Herde, festigt Pferdefreundschaften und befriedigt die sozialen Bedürfnisse nach Nähe.

WUSSTEN SIE?

▸ Pferde wollen nicht unbedingt „Chef" werden. Zwar mögen sie es, in der Herde einen hohen Rang einzunehmen, doch wenn der Rang der Leitstute neu zu vergeben ist, reißen sich die bisherigen Stellvertreterinnen nicht darum.

Mir geht's gut

Woran erkennt man, dass ein Pferd sich wohl und sicher fühlt? Ganz einfach: Daran, dass es sich traut, am hellen Tag vor sich hin zu dösen. Typisch dafür ist, dass ihnen dabei fast das Gesicht auseinander fällt: Die Ohren hängen, die Augenlider werden schwer und sinken auf Halbmast-Stellung, die Maulpartie entspannt sich, die Unterlippe fällt nach vorne. Jetzt bitte nur sanft ansprechen – Pferd träumt vermutlich von Karotten satt!

Nahrungsaufnahme

Wie alle Lebewesen müssen auch Pferde ständig ihre Grundbedürfnisse – Fressen, Ruhen, Fortpflanzen – gegeneinander abwägen. Dabei ist Fressen das Bedürfnis, das am meisten Zeit kostet. Dafür, dass sie sich zu superschnellen Fluchttieren entwickelt haben, mussten sie nämlich einen Preis zahlen: Zum einen ist ihr Energiebedarf recht hoch, was einen sehr effizienten Verdauungsapparat erfordert, zum anderen ist ihr Magen relativ klein. In der Natur, wo ihnen kein Kraftfutter zur Verfügung steht, ergibt sich daraus, dass sie mindestens die Hälfte eines Tages mit Fressen zubringen.

Aber bitte mit Abstand!

Pferde sind futterneidisch – und das ist auch kein Wunder, denn in der Natur ist der Tisch selten üppig gedeckt. Deswegen halten Pferde beim Fressen üblicherweise ein wenig Abstand voneinander. Dadurch haben auch die rangniederen Pferde die Chance, in Ruhe fressen zu können. Jedes hat seine eigene Zone – und dringt ein anderes Pferd in sie ein, werden sofort die Ohren angelegt.

Und weiter geht's

Das Revier einer Pferdeherde in der freien Natur umfasst ein weites Areal und wird systematisch abgeweidet. Die Leitstute weiß über die Jahre, wo es wann in welchem Gebiet schmackhaftes Futter und Wasser gibt – und sie führt ihre Herde von Fressplatz und Tränke jeweils zur nächsten saftigen Wiese.

Eigene Erfahrung

Fohlen beknabbern so ziemlich alles, was ihnen vor die neugierige Nase kommt – und das ist wichtig, denn auf diese Art sammeln sie eigene Erfahrungen darin, was essbar ist, was schmeckt, was satt macht und was man besser meiden sollte.
Dabei reicht das Spektrum des „Essbaren" weit über Gras und Kräuter hinaus. Büsche und Bäume zum Beispiel können für Pferde sehr interessant sein. Die Rinde – obwohl sie gerne beknabbert wird, weil sie durch das darin enthaltene Tannin bitter schmeckt und Pferde Bitterstoffe mögen – ist zwar nicht besonders nahrhaft, aber dafür bieten junge Zweige über die Blätter hinaus eine ganze Menge Nährstoffe. Pferde sind sehr geschickt darin, Birkenzweige vom Baum zu angeln, die saftige Rinde abzuschälen und genießen zum Beispiel die sich daraus ergebenden süßen „Birken-Rinden-Spaghetti" als tollen Leckerbissen.

WUSSTEN SIE?

- Wasserstellen gelten als „neutrale Zonen", in der Beutegreifer und Beutetiere friedlich nebeneinander trinken. Eine Löwin scheint zu „wissen", dass ihr eine wegen Wassermangel kraftlose Zebraherde die Jagd nur kurzfristig erleichtern würde. Sie würde aussterben – und die Löwin würde verhungern.

Neugier

Wenn Pferdemütter reden könnten, gäbe es einen Satz, den sie ihren Kindern vermutlich nie sagen würden: „Sei doch nicht so neugierig!“
Neugier ist für Pferde eine sehr wichtige Eigenschaft. Sie ermöglicht es ihnen, Erfahrungen zu sammeln und Situationen besser einschätzen zu können. Das spart Kraft.

Wer schon einmal die Erfahrung gemacht hat, dass eine Schubkarre auf der Koppel völlig ungefährlich ist, muss nicht mehr weglaufen, wenn er sonst wo eine sieht. Wer einmal die Erfahrung machen durfte, dass man sich im Wasser spiegelt, muss sich nicht mehr überlegen, ob er trotz des komischen Tiers im Wasser an der Stelle trinken kann.

Wer bist du?

Stellen Sie sich vor: Sie sind in Connemara in den Bergen unterwegs und begegnen einer der wilden Ponyherden. Wie, meinen Sie, werden die Fohlen – die teilweise noch nie einen Menschen gesehen haben – auf Sie reagieren?
Es hängt von Ihnen ab. Wenn Sie sich ruhig annähern, haben Sie eine gute Chance, dass das selbstbewussteste der Pferdekinder zu Ihnen kommt. Davor aber wird es Sie erst einmal genau anschauen. Nur wenn es sicher ist, dass Sie kein potenzieller Fressfeind sind, wird es seiner Neugier freien Lauf lassen und näher kommen. Dabei wird es ausgesprochen vorsichtig sein – eine falsche Bewegung kann es schon erschrecken und in die Flucht treiben. Der Neugier des Pferdes steht nämlich immer seine angeborene Skepsis vor dem Fremden und potenziell Gefährlichen gegenüber.

WUSSTEN SIE?

- Neugier hat immer auch mit Intelligenz zu tun. Neugier macht nämlich nur dann Sinn, wenn sie mit Lernfähigkeit verbunden ist – und was das angeht, sind Pferde ziemlich gut.

Neugierige Youngster

Neugier ist fast immer mit Spielfreude verbunden – und beide Eigenschaften sind typisch für junge Tiere. Bei den Pferden sind die Fohlen und Jährlinge am neugierigsten. Sie müssen alles beäugen und beriechen und beknabbern, denn sie sind es schließlich, die Erfahrungen sammeln müssen, um fürs Leben als erwachsene Pferde fit zu sein.

Erfahrungsaustausch

Auch wenn Pferde nicht miteinander reden können, sind sie durchaus fähig, Erfahrungen miteinander auszutauschen. Dieser Austausch erfolgt durch „Vormachen“ und voneinander Abgucken.

Die Situation im Bild hier ist dafür typisch: Die Jährlinge haben, bevor sie sich dem fremden Objekt annäherten, abgecheckt, ob es ihrem im Instinktprogramm abgespeicherten Feindschema entspricht. Das war offensichtlich nicht der Fall. Nun untersuchen sie das „UFO“ auf ihrer Koppel – wobei sie nicht nur das Leichtflugzeug betrachten, sondern sich auch gegenseitig im Auge behalten. Findet der eine etwas besonders interessant, guckt auch der andere genau hin.

Fluchtverhalten

Wenn eine Pferdeherde sich in die Flucht schlägt, geht es so schnell, dass wir Menschen nicht nachvollziehen können, was davor an Kommunikation abgelaufen ist. Manchmal sieht es sogar so aus, als ob es nur das Erschrecken eines Pferdes brauche, um die ganze Herde aufzuscheuchen. Dem ist aber nicht so. Flucht ist kraftraubend – und Pferde müssen sparsam mit ihren Ressourcen umgehen. Eine Herde, die immer sofort durchstartet, wenn ein Mitglied unruhig wird, würde sich zu sehr erschöpfen. Daher geht einer Flucht immer eine herdeninterne Kommunikation voraus: Der Wachposten wird unruhig, die Pferde in seiner Umgebung bemerken es. Bevor die ganze Herde jedoch losgaloppiert, muss die Leitstute das Signal geben.

Einer rennt...

...und die anderen lassen sich dabei nicht beim Fressen stören. Der Eine, der auf dem Bild rennt, ist nämlich ein Fohlen – und das kann noch nicht einmal durch eine panikartige Flucht das Mitlaufen der ganzen Herde auslösen. Innerhalb des Familienverbands kennt man sich nämlich – und man kann sich einschätzen. Die Führungspersönlichkeiten wissen, dass Fohlen oft wegen Kleinigkeiten losgaloppieren, sie kennen die jeweilige „Paniktoleranz" ihrer Wachposten und sie haben so viel Autorität bei ihren Mitpferden, dass ihre Ruhe sich auf die anderen überträgt.

WUSSTEN SIE?

- Nicht jeder Abmarsch im Galopp ist eine Flucht. Pferde haben ein ausgeprägtes Bewegungsbedürfnis – und rennen daher schon einmal zum Spaß.
- Besonders in den Morgen- und in den Abendstunden ist ein wenig „Lauftraining" angesagt.
- Auf der Flucht kann eine Herde bis zu 45 km/h schnell werden.

Jetzt aber los!

Auf dem Bild oben hat sich die Herde entschlossen, einer potenziell gefährlichen Situation durch Flucht auszuweichen. Die Mitglieder drängen sich eng zusammen und bringen sich in vollem Galopp aus der Gefahrenzone.

Panik? Nein, danke!

Es liegt in der Natur der Sache: Flüchtende Pferde haben Angst – sonst würden sie ja nicht flüchten. Außerdem „brauchen" sie die Angst. Sie sorgt dafür, dass genug Adrenalin in den Körper gepumpt wird, um die Fluchtleistung zu ermöglichen. Das heißt aber nicht, dass Pferde in kopfloser Panik losstürmen. Eine solche könnte kontraproduktiv sein: Man würde sich gegenseitig anrempeln, stolpern oder sich verletzen – und damit wäre man dann leichte Beute für den, der die Flucht ausgelöst hat. In absolute Panik geraten Pferde nur, wenn sie von Menschen getrieben werden. Im Gegensatz zu Raubtieren, die schnell aufgeben, weil sie bei gesunden Pferden keine Chance haben, treiben Menschen Pferde nämlich über die übliche Kurzflucht-Distanz hinaus.

Paarung & Nachwuchs

Evolutionsbiologen sind heute der Ansicht, dass alles Leben in der Natur auf ein Ziel ausgerichtet ist: Fortpflanzung. Die Weitergabe der Gene ist der „Zweck“ des Lebens, auf den alle Instinkte ausgerichtet sind. Und der „Egoismus der Gene“ geht sogar so weit, dass unter gewissen Umständen das eigene Überleben zweitrangig werden kann. Mutterstuten sind sogar dazu bereit, sich für ihr Fohlen mit einem Raubtier anzulegen. Pferde betreiben nämlich viel Aufwand mit ihrer Fortpflanzung – und müssen das „Produkt der Mühe“ dementsprechend schützen.

Frühlingsgefühle

Die Paarungszeit der Pferde ist im Frühjahr. Zwei Wochen nachdem das Fohlen geboren wurde – in unseren Breitengraden meist im März/April –, wird die Stute wieder rossig. Frei laufende Stuten vermelden das dem Hengst. Sie setzen vermehrt Urin ab und fordern ihn durch Rufe und Zeigen ihrer angeschwollenen Vagina zur Paarung auf.

Toller Typ

Wer als Hengst zum Zug kommen will, muss die Stute davon überzeugen, dass er nicht nur tolle Gene hat, sondern außerdem fähig ist, sie und das Fohlen zu beschützen. Darum gehört zum Liebesspiel das Imponiergehabe des Hengstes. Er paradiert vor der Stute über die Koppel, riecht an ihrem Urin – und zeigt dabei alle Muskeln, die er zu bieten hat.

Damenwahl

Je mehr Hengst eine Stute in der Rosse abbekommt, desto mehr wird ihr Hormonhaushalt angeregt. Daher sorgen Stuten dafür, dass sich die Pferdeherren ausführlich mit ihnen beschäftigen. Schon Tage vor der Hochrosse, in der sie sich decken lassen, kokettieren sie mit dem Hengst und fordern in immer wieder zur Annäherung auf.

Darf ich?

Bevor das Ei der Stute wirklich zur Befruchtungsfähigkeit herangereift ist, hat der Hengst keine Chance, sie zu bespringen. Allerdings gibt sie ihm Gelegenheit, ihre Paarungsbereitschaft zu überprüfen. Sie „zeigt sich“, wie Züchter sagen – sie bleibt stehen, wenn er an ihrer Kehrseite riecht und hebt dazu den Schweif.

Herzliches Zwicken

Pferde „flirten“ recht intensiv. Neben dem Imponieren gehören auch das aneinander Riechen, sich Belecken, Mähnekraulen und ein herzhaftes in den Hintern zwicken dazu. Knapst der Hengst zu, wird das Verhalten oft durch ein heftiges Quieken auf der weiblichen Seite quittiert. Ist die Stute noch nicht paarungsbereit, muss er sich vor ihren Hinterbeinen in Acht nehmen.

Paarung

Eigentlich könnte man Hengste bemitleiden. Sie kommen nur im Frühling zum Decken und selbst dann müssen sich zumindest die, die in der Natur ein freies Pferdeleben führen, mächtig anstrengen, um überhaupt zum Zug zu kommen. Dem eigentlichen Akt – den die Stute nur in zwei, drei Tagen der Hochrosse zulässt – und der nur ein kurzes Vergnügen ist, geht ein tagelanges Vorspiel voraus, bei dem sich der Herr von seiner besten Seite zeigen muss. Er sollte die Stute keine Sekunde aus dem Auge lassen, damit ihm nicht ein Rivale zuvorkommt. Und wenn er durfte, muss er aufpassen – sobald die Rosse vorbei ist, schlägt sie ihn energisch ab.

Stehen geblieben

Nach tagelangem Vorspiel ist das Follikel der Stute befruchtungsreif. Nun „steht“ sie, wie der Züchter sagt – sie dreht sich nicht mehr ab, wenn der Hengst an ihr riecht, sie schlägt nicht mehr nach ihm und sie quiekt auch nicht mehr, wenn er sie beknabbert. Stattdessen präsentiert sie sich in „Bockstellung“, wenn der Hengst sich annähert. Sie stellt die Vorderbeine unter den Körper, stemmt die Hinterbeine nach hinten in die Erde, um das Gewicht des Hengstes aufnehmen zu können und hält den Schweif zur Seite. Auf diese Art verkündet sie ihre Paarungsbereitschaft.
Allerdings: Ein kluger Hengst nähert sich der Stute dennoch mit einiger Vorsicht. Er hat nämlich in den Tagen davor die Erfahrung gemacht, dass sie immer noch zickig reagieren und ihn unter Einsatz von Zähnen und Hufen energisch wegtreiben kann. Zudem sind leidenschaftliche Raubeine bei Stuten nicht beliebt. Sie erwarten ein Beknabbern und Schmusen von den Hengsten – sonst bleiben sie nicht stehen.

Mach mir den Hengst

Eine Menschenfrau, die eine solche Aufforderung an ihren Liebhaber ergehen lässt, beweist damit, dass sie nicht viel Ahnung von Pferden hat. Der eigentliche Deckakt beim Pferd geht nämlich relativ schnell vonstatten und scheint für die Stute nicht unbedingt ein Vergnügen zu sein.
Der Hengst springt von hinten auf, verfrachtet sein Geschlechtsorgan in die dafür von der Natur vorgesehene Öffnung, beißt zum „Festhalten" in den Hals der Stute und samt nach wenigen Stößen ab – oft mit einem sehr zufriedenen Grunzen. Damit hat es sich. Allerdings nicht für lange: Während der zwei- bis dreitägigen Hochrosse deckt ein Hengst die Stute bis zu zwölfmal am Tag.

WUSSTEN SIE?

- Auch für Hengste ist die Fortpflanzung eine aufwendige Angelegenheit. Sie produzieren relativ wenig Ejakulat, dafür aber sehr hochwertiges.
- In der heute üblichen künstlichen Besamung reicht eine Portion Hengstsamen, um vier Stuten zu befruchten.

Geburt

In der Natur gilt auch für die Fortpflanzung, dass man sie möglichst effizient erledigen sollte. Dafür haben sich zwei verschiedene Konzepte entwickelt. Das eine folgt dem Quantitativ-Prinzip: Die Ressourcen werden dafür eingesetzt, möglichst viele Nachkommen in die Welt zu setzen und dann darauf zu hoffen, dass ein paar von ihnen durchkommen. Das andere Konzept setzt auf Qualität: Alle Kräfte werden dafür eingesetzt, wenige, aber sehr gut entwickelte und damit im Überlebenskampf bevorteilte Nachkommen zu gebären.

Pferde folgen dem Qualitäts-Prinzip. Eine Stute trägt elf Monate, um dann ein Fohlen zu gebären, das mehr als ein Drittel seiner Endgröße mit auf die Welt bringt und schon am ersten Lebenstag fluchtfähig ist.

Die Geburt

Während der Geburt ist eine Stute extrem gefährdet – darum muss es sehr schnell gehen. Tatsächlich dauert eine reguläre Pferdegeburt selten länger als zehn Minuten. Die Stute legt sich nieder, die Fruchtblase platzt und fast sofort erscheinen die Vorderbeine des Fohlens, auf denen der Kopf liegt. Der Rest flutscht nach wenigen Wehen nach.

Bitte aufstehen!

Eine Pferdegeburt ist für Mutter und Kind anstrengend, doch das ändert nichts daran, dass beide danach schnell auf die Beine kommen müssen. Dabei ist es für das Fohlen nicht einfach, seine langen Beine zu sortieren, aufzustehen und zu balancieren. Doch gesunde Pferdekinder schaffen das schon in der ersten halben Stunde nach der Geburt.

Auf der Suche

Nach dem Aufstehen kommt für das Fohlen die nächste wichtige Aufgabe: Es muss ganz schnell das Euter der Mutter finden, um die überlebensnotwendige Kolostralmilch zu trinken. Dabei wissen Fohlen nur, dass die Quelle in einem „Winkel“ steckt – wo genau, müssen sie erst durch Versuch und Irrtum herausfinden, wobei ihnen die Mütter gerne durch Stupsen helfen.

Das erste Kennenlernen

Junge Stuten, die zum ersten Mal ein Fohlen gebären, scheinen manchmal geradezu erstaunt über das kleine Wesen zu sein, das da plötzlich neben ihnen steht. Aber glücklicherweise haben sie ein Instinktprogramm, das ihnen sagt, wie sie damit umgehen müssen. Das beginnt damit, dass sie ihr Fohlen sofort auffordern, aufzustehen – und es während und danach ausführlich beschnuppern, beknabbern und belecken. Früher glaubte man, dass das Lecken dazu diene, den Blutkreislauf des Fohlens anzuregen. Heute weiß man, dass es dabei um etwas viel Elementareres geht: Die Stute muss ihr Kind kennen lernen. In diesen ersten Stunden nach der Geburt baut sie ihre Bindung zum Fohlen auf. Das Fohlen unterdessen ist noch nicht sonderlich an ihr interessiert.

Fohlenkindergarten

Pferde sind soziale Wesen – und ihr Sozialprogramm ist so differenziert und subtil, dass es nicht komplett im Instinktprogramm verankert werden kann. Ein Versuch hat einst ergeben, dass ein Fohlen, das ohne Kontakt zu anderen Pferden aufwächst, nicht einmal weiß, dass es ein Pferd ist – geschweige denn, dass es wüsste, wie es sich als Pferd unter Pferden zu benehmen hat.
Um all das zu lernen, braucht ein Pferdekind den Kontakt zur Mutter – und zu anderen Pferden in der Herde. Sein erstes halbes Jahr dient dazu, Sozialverhalten zu erlernen.

Vor der Prägung

Pferdekindern ist das Wissen, wer und was die Mutter ist, nicht angeboren. Sie brauchen etwa zwei Wochen, bis sie auf ihre Mutter geprägt sind. In dieser Zeit laufen sie noch nicht mit ihr mit – es ist die Aufgabe der Stute, das Kind bei sich zu halten.

Hallo, Mama!

Ist die Prägungsphase erfolgreich beendet, scheint das Fohlen erst einmal für einige Tage geradezu an Mutters Schulter zu kleben. Wohin sie geht – das Baby bleibt immer auf Tuchfühlung und folgt ihr auf Schritt und Tritt.
Dabei reicht die Prägung vermutlich weit über das Zusammenbleiben hinaus. Das Aussehen der Mutter bestimmt das Bild des jungen Pferdes – was bei Urpferden ja durchaus Sinn gemacht hat. Sie sahen sich alle sehr ähnlich.

Im Kindergarten

Die Mutterstute hat einen wichtigen Einfluss auf das Leben eines Fohlens. Doch genauso wichtig ist der Rest der Herde – angefangen von den „Tanten", die dem Fohlen zum Beispiel Lektionen wie „Abstandhalten" und „Rangordnung" beibringen bis zu den gleichaltrigen Spielgefährten, mit denen Sozialverhalten eingeübt wird.
Dabei zeigen die Pferdeyoungster alles, was ein erwachsenes Pferd nachher braucht. Die Stütchen üben sich im Fellkraulen – später ein wichtiges Bonding-Ritual. Die Pferdeknaben unterdessen üben raufend, sich als Hengst gegen andere durchzusetzen.

Komm, spiel mit mir!

Erwachsene Pferde brauchen viel Zeit zum Fressen. Fohlen sind dagegen bevorzugt: Sie werden von der Mutter mit hochkonzentrierter Kraftnahrung versorgt. Daher bleibt ihnen viel Zeit, miteinander zu spielen.
Die typische „Spielaufforderung" sieht immer gleich aus: Ein Fohlen stellt den Puschelschweif und stupst den anderen an. Die Reaktion darauf ist üblicherweise ein Schweifwedeln und aus dem heraus folgt dann oft ein gemeinsames Rennen, eine Schmuserunde oder eine kleine Rauferei.

Pflerdeverhalten

Wer sagt denn, dass man Worte braucht, um miteinander zu kommunizieren? Pferde sind der lebende Beweis, dass es auch ganz ohne geht. Sie sind Meister in der Kommunikation, sie pflegen einen sehr differenzierten Umgang miteinander – ganz ohne Worte. Dafür haben sie ein breites Spektrum an Körpersprache, Duftsignalen und Geräuschen. Und wie subtil sie miteinander umgehen, zeigt sich darin, dass für sie Pferd nicht gleich Pferd ist. Sie pflegen ausgesprochen enge Freundschaften – und oft auch ebenso definierte Abneigungen.

Ganz nah

Wie erkennt man, ob zwei Pferde sich mögen? Ganz einfach: Man beobachtet sie beim Fressen. Miteinander befreundete Pferde geben nämlich die Distanzzone auf. Sie rücken einander so nahe, dass sie fast Nasenkontakt beim Grasen haben. Freundschaft bei Pferden ist nämlich so vertraut, dass es noch nicht einmal des Hinguckens bedarf, um sich synchron bewegen zu können.

Wer bist du?

Haben Sie schon einmal Ihre Nase gegen die Ihres Pferdes gelegt? Versuchen Sie es mal! Dabei werden Sie feststellen, dass dort der Eigengeruch des Pferdes am ausgeprägtesten ist. Tatsächlich sitzen in der Nasenregion spezielle Drüsen, die den Individualduft ausströmen – und deswegen begrüßen und identifizieren sich Pferde, indem sie sich gegenseitig an der Nase riechen.

WUSSTEN SIE?

- Pferdefreunde erkennen sich auch nach Jahren der Trennung wieder.
- Ob zwei Pferde sich mögen, entscheidet sich in den ersten Minuten. Entweder man kann sich riechen – oder nicht. Daran ändert sich normalerweise auch mit der Zeit nichts mehr.

Zärtlichkeiten

Wie bei uns Menschen, gibt es auch bei Pferden „Bonding-Rituale“, mit denen Freundschaften bestätigt und gefestigt werden. Eines der wichtigsten ist das gegenseitige Kraulen. Dafür stellen sich Pferde eng nebeneinander – und dann wird liebevoll mit den Zähnen und Lippen am Widerrist des anderen geknabbert.

Gleich und gleich?

In manchen Herden sieht es so aus, als ob Pferde sich besonders gern Freunde suchen würden, die ihnen ähneln. Dabei meinen Hippologen sogar schon eine gewisse „Farbpräferenz“ beobachtet zu haben, die sich zum Beispiel so auswirkt, dass ein großer Schimmel sich lieber mit einem Ponyschimmel befreundet als mit einem gleich großen Braunen. Gleichzeitig aber gibt es Pferdefreunde, die in Farbe und Größe sehr unterschiedlich sind. Das Geheimnis dahinter dürfte vermutlich die Mutterprägung sein. Die Mutterstute ist das erste Pferd, das ein Fohlen als solches erkennt – und vermutlich ist die Mutterstute das Pferd, das den „Begriff“ Pferd für das Fohlen prägt, so dass es sich sein Leben lang Freunde sucht, die seiner Mutter und damit seinem „Pferdeideal“ ähneln. Das kann dann dazu führen, dass ein Fuchs nur Schimmel liebt.

Pferdespiele

Für Verhaltensforscher ist es heute klar: Spieltrieb ist das Zeichen höherer Intelligenz. Kapazität zum Spielen hat nämlich nur, wer in seinem „Alltagsleben“ nicht seine komplette Intelligenz auslastet. Pferde haben einen ausgesprochenen Spieltrieb. Selbst als Erwachsene können sie sich noch spielend miteinander amüsieren und dabei das ganze Repertoire ihres Artverhaltens zeigen. Doch natürlich sind es auch bei Pferden die Kinder, die am verspieltesten sind. Und unter ihnen sind es eindeutig die Jungs, die dabei am meisten „action“ veranstalten. Pferdemädchen „zicken“ subtil und meist nur sehr kurz miteinander, während Knaben ständig und ausführlich damit beschäftigt sind, sich zu raufen.

Raufende Jungs

Der Fuchs im Bild oben hat ganz eindeutig eine kleine Rauferei im Sinn. Er umkreist den Kameraden mit aufgewölbtem Hals, wobei er die Individualdistanz, die Pferde normalerweise zueinander einhalten, unterschreitet. Er kommt dem anderen bis zum Anrempeln nahe – und weiß dabei genau, dass der Kumpel jetzt gleich reagieren wird.

Zickenalarm

Pferdemädchen müssen nicht so „eindeutig“ vorgehen wie Pferdejungs. Bei ihnen reicht es, wenn eine gerade ein wenig giftig ist und beim gegenseitigen Beriechen quietscht. Ist die andere in entsprechender Laune, entsteht daraus eine kleine Beißerei, wobei es durchaus einmal richtige Kratzer im Gesicht geben kann.

Wer ist der Größte?

Die ultimative „Waffe" des Hengstes sind seine Vorderhufe. Im Rangkampf wie auch als Abwehr steigt er, womit er gleich zwei Effekte erzielt: Er imponiert durch Größe und er kann die Vorderhufe einsetzen.

Hinten kneifen…

…ist die Taktik der Hengste, während Stuten vorne zuschlagen. Sie müssen nämlich nicht imponieren wie Hengste, sondern schlagen den Angreifer möglichst effizient ab, wobei sie fluchtbereit bleiben sollten.

Schweifpeitschen

Mit dem Schweif kann ein Pferd einiges ausdrücken – und der peitschende Schweif des Fuchses im Bild ist ein eindeutiges Signal an den Gefährten: „Achtung – ich greife jetzt an!" Auch bei erwachsenen Pferden bedeutet ein peitschender Schweif Unmut.

Beinzwicken

Zu den typischen Kampftaktiken der Pferde gehört auch der Beißangriff aufs Karpalgelenk des Gegners. Pferdebeine sind empfindlich – weswegen ein Pferd, das im Beißspiel unterlegen ist, sich schnell zurückziehen wird.

Pferdelaunen

Erinnern Sie sich noch an die Geschichte vom „Reiz-Reaktions-Schema"? Dass es so einfach nicht sein kann, beweisen die Pferde mit etwas, was keinem, der mit ihnen umgeht, lange verborgen bleibt: Sie haben ausgeprägte Vorlieben und Abneigungen. Und mehr noch: Pferde haben Launen. Am einen Tag sind sie übermütig, verspielt und fröhlich. Am nächsten haben sie vielleicht schlecht geschlafen oder das Frühstück hat nicht geschmeckt. Dann können sie muffelig und sogar angriffslustig sein. Und schließlich läuft auch bei Pferden manchmal etwas schief. Der Freund ist nicht mit auf der Koppel – das kann ein Grund sein, traurig am Zaun zu stehen.

Hau ab!

Dass der Fuchs im Bild nicht sonderlich gut gelaunt ist, wird auf den ersten Blick deutlich. Ihm passt die Annäherung des Braunen an seine Koppel nicht – und dementsprechend droht er mit aufgewölbtem Hals, angelegten Ohr und stampfendem Tritt. Die Bedeutung seiner Drohung ist eindeutig: „Bleib bloß weg! Sonst kriegst du eine gefeuert!"

Du nervst!

Auch dieser Herr ist nicht eben „gut drauf". Sein Hals und sein ganzes Gesicht sind angespannt, die Lippen sind fest geschlossen und die Ohren zeigen schon in „Halb-Drohstellung" nach hinten. Die Botschaft geht eindeutig an denjenigen, der ihm zu nahe kommt: „Lass das! Du gehst mir auf die Nerven!"

Lass mich in Ruhe!

Eigentlich wäre der Schimmelstute nach dösen. Doch nun kommt der Braune daher – was Schimmelchen nicht gefällt. Noch ist sie zu müde, um ihre Meinung deutlich zu zeigen. Die Ohren sind „indifferent", das Maul entspannt. Der Braune weiß noch nicht, was er damit anfangen soll – seine Ohren bleiben freundlich vorne.

Muss ich deutlich werden?

Der Braune hat die subtile Aufforderung, sich zu verdrücken, nicht verstanden – worauf die Schimmelstute beschlossen hat, deutlicher zu werden. Sie klappt die Ohren ganz zurück und deutet sogar Beißbereitschaft an. Die Reaktion folgt prompt: Der Braune klappt die Ohren in einer angedeuteten Demutsgeste zur Seite, schlägt aber dabei ein wenig unwillig mit dem Schweif.

Schluss jetzt!

Jetzt wird es der Schimmelstute zu bunt. Sie verstärkt ihre Drohgeste, indem sie den Braunen in die Distanz treibt – mit gedrehtem Kopf, die Ohren vollkommen angelegt und mit gebleckten Zähnen. Der Braune hat nun die Wahl: Angreifen – oder gehen? Seine Ohren sagen, dass er nicht aggressiv ist. Er wird sich gleich zurückziehen.

Demutsgesten

Der große Pferdemann Clemens Laar hat einmal geschrieben: „Das Pferd ist kein Geschöpf des Zornes; es ist eines der Kraft und des Mutes und vor allen Dingen der Milde, der Zärtlichkeit, der Güte und der Liebe.“
Die Bilder auf den vorherigen Seiten scheinen dem Zitat zu widersprechen. Sie zeigen eine Menge rangelnder, drohender und aggressiver Pferde.
Laar hatte aber dennoch Recht. Obwohl Pferde durchaus fähig und willens sind, sich gegeneinander zu behaupten und durchzusetzen, obwohl sie in Rangstreitigkeiten mit Zähnen und Hufen aufeinander losgehen, kommt es in der Natur praktisch nie vor, dass Pferde einander wirklich verletzen. Bei allen Auseinandersetzungen bleibt es meist bei ein paar Kratzern, die ein gesundes Pferd mühelos verkraften kann.
Der Grund dafür ist, dass Pferde immer wissen, wann es genug ist – und das machen sie dem anderen gegenüber deutlich.

Unterlegenheitskauen

Wer Manieren und den Umgang miteinander erst lernen muss, läuft schon einmal Gefahr, einen Fauxpas zu landen. Das ist bei Pferdekindern nicht anders als bei uns. In ihrer Flegelzeit verstoßen sie – manchmal aus purem Übermut, manchmal aber auch einfach aus Schusseligkeit – gegen so ziemlich jede gesellschaftliche Konvention in der Pferdeherde. Doch dafür beziehen sie selten richtig Prügel.
Pferdekinder lernen nämlich sehr schnell, was die Drohung eines erwachsenen Pferdes bedeutet – und sie wissen, wie man sich entschuldigt. Signalisiert ihnen ein erwachsenes Pferd Unmut, zeigen sie das so genannte „Unterlegenheitskauen“: Mäulchen auf und Kiefer seitwärts bewegen.

Entschuldigung!

Unterlegenheitskauen ist nicht die einzige „Befriedungs"-Geste, die Pferde im Programm haben. Die Ohren seitlich wegzuklappen und sich durch Kopfsenken „klein zu machen" wirkt genauso – und beides, das Unterlegenheitskauen als auch die Demutsgeste, bewirken ein sofortiges Einstellen aller Kampfhandlungen beim Gegenüber. Das Unterlegenheitskauen wirkt als Signal „Ich bin noch ein Baby – ich weiß es nicht besser". Das „Kleinmachen" besagt: „Okay, ich sehe ein – du bist stärker." Beides wirkt besänftigend. Dabei reicht das „Kleinmachen" sogar, einen wütenden Hengst im Angriff zu stoppen. In dem Moment, in dem ihm sein Gegner die Überlegenheit zugesteht, in dem er den Kopf senkt und ausweicht, wendet er seine Aggression nicht mehr gegen ihn und lässt ihn ohne Nachsetzen abziehen. Voraussetzung ist aber immer, dass die beiden Gegner genug Platz haben, um sich auszuweichen.

WUSSTEN SIE?

- Rangkämpfe unter Stuten sind meist kurz und schmerzlos. Ein wenig Drohen, ein bisschen Beißen, dann zeigt die Unterlegene eine Demutsgeste und der Kampf ist beendet.
- Unterlegenheitskauen ist typisch für Fohlen. Erwachsene Hengste und Stuten zeigen die Geste fast nie. Nur Wallache neigen manchmal dazu – sie sind innerlich noch Kind.

Begegnungen

Auch wenn Pferde in der freien Wildbahn in Familienverbänden leben, ist ihnen die Begegnung mit fremden Pferden vertraut. Zum einen grenzt das Revier einer Pferdeherde meist an das einer anderen und zum anderen findet unter den Mitgliedern von Herden Austausch statt. So wechseln zum Beispiel rangniedere, junge Stuten gerne den Verband, wenn sie sich davon einen Aufstieg versprechen. Auch Hengste haben keinen verbrieften Stammplatz in der Herde. Ganz im Gegenteil: Bei Pferden herrscht Damenwahl. Ein Hengst wird nur so lange als Beschäler und Herdenmitglied akzeptiert, solange seine Damen glauben, dass er seinen „Job" als Beschützer kompetent erledigt. Kommen Zweifel auf, schauen sie sich nach einem neuen Hengst um.

Eine neue Bekanntschaft

Wir haben es bereits festgestellt: Pferde sehen, hören und riechen besser als wir Menschen. Und sie sind neugierig. Allerdings: Wie aufgeschlossen sie für neue Bekanntschaften sind, ist in der Natur von einigen Faktoren abhängig – wie zum Beispiel davon, wie gefestigt der Familienverband ist, in dem sie leben und welchen Platz sie in der Hierarchie einnehmen.

Ein Verband, der schon eine ganze Weile zusammen ist, hat meist seine Optimalgröße – er besteht aus genau so vielen Pferden, wie das zu ihnen gehörige Revier verkraften kann. Um diese Kopfzahl zu halten, müssen aber immer wieder rangniedere Familienmitglieder „auswandern". Sie schließen sich dann Herden an, die sich erst vor einiger Zeit zusammengeschlossen haben und denen für den effizienten Wachdienst noch Mitglieder fehlen. Dabei kommt es vor allem auf Sympathie an. Wenn eine Herde mit freiem Platz und ein auswanderungswilliges Pferd zusammentreffen, schaut man sich sehr genau an.

Vorsichtige Annäherung

Auch bei Pferden ist es meist so, dass einer den Anfang machen muss. In diesem Fall ist es der Fuchs, der dem noch etwas skeptischen Braunen hinter dem Zaun einen „Antrag" macht. Er nähert sich vorsichtig, aber mit deutlichem Imponiergehabe. „Schau, wie fit ich bin" scheint seine Körpersprache auszudrücken.

Riechtest

Zwei Pferde, die sich nicht kennen, müssen sich einander vorstellen. Dazu machen sie den „Riechtest". Sie beschnüffeln die Zone an der Nase des anderen, an der der Individualgeruch besonders ausgeprägt ist. Dabei sind die Gesichter neutral. Erst, wenn sie sich berochen haben, entscheiden sie, ob sie einander sympathisch sind.

WUSSTEN SIE?

- Weil Pferde in menschlicher Obhut ein üppiges Futterangebot haben, sind sie fast immer an neuen Bekanntschaften interessiert. Für ihre Herdengröße gibt es praktisch keine Begrenzung.
- Wenn's bei Pferden nicht gleich mit der Freundschaft klappt, wird's meist nichts.
- Hengste haben mit platonischer Freundschaft nichts am Hut. Sie betrachten jeden anderen Hengst als potenziellen Rivalen, der bei Annäherung sofort verprügelt und vertrieben werden sollte. Mit Stuten können sie sich eher anfreunden.

Lautsprache

Die meisten Pferde sind eher schweigsame Zeitgenossen. Großes „Gerede“ oder gar Geschrei ist nicht ihr Stil. In ihnen steckt nämlich immer noch der Instinkt des Urpferdes – und die wussten, dass man mit einem hohen Geräuschpegel nur unnötig Fressfeinde auf sich aufmerksam macht. Doch das heißt nicht, dass Pferde nicht über ein breites Repertoire an Lautäußerungen verfügen. Ihr Spektrum reicht vom zufriedenen Schnauben über leises Seufzen zum glücklich-erwartungsvollen Ruffeln – einem Brummen, das ganz tief aus der Brust zu kommen scheint – bis hin zum lautstarken Wiehern.
Und wer die Ohren spitzt, kann sogar feststellen, dass Pferdestimmen so individuell wie Menschenstimmen sind.

Begrüßungswiehern

Wie fein ist Ihr Gehör? Wenn es wirklich gut ist, werden Sie wahrscheinlich schon einmal festgestellt haben, dass Pferdewiehern keinesfalls immer gleich klingt – und das nicht nur, weil Pferde verschiedene Stimmen haben, sondern auch, weil jedes Pferd nicht nur über einen „Wieherton“ verfügt.
Dabei ist der „Wiehersound“ keineswegs nur davon abhängig, was das Pferd gerade ausdrücken will. Selbst da, wo immer dasselbe gemeint ist – zum Beispiel beim Begrüßungswiehern, wenn ein Stallgefährte zurück in seine Box kommt –, kann man beim genauen Hinhören Unterschiede in der Tonlage und im Ausdruck erkennen. Dahinter steckt, dass Pferde einen „akustischen“ Namen haben, den sie untereinander verwenden. Kommt also einer zurück, heißt es nicht nur „Hallo, Pferd“, sondern „Hallo, Brauner mit dem weißen Hinterbein“. Pferde, die einander kennen, sprechen sich grundsätzlich „individuell“ an.

Wo ist mein Kumpel?

Warum wiehern Pferde? Reine Gesprächigkeit ist es bei Ihnen nie. Sie haben immer einen Grund. Der häufigste ist, dass sie nach ihren Herdengefährten und Freunden rufen. Bei Pferden, die alleine auf der Koppel sind, kann das sogar so weit gehen, dass sie nichts anderes machen als über die Wiese zu rennen und lautstark nach Gesellschaft zu rufen. Ihr Bedürfnis, sich in einem Verband geborgen zu fühlen, ist sogar größer als ihr Appetit.
Ein anderer Grund fürs Wiehern ist Imponiergehabe. Gestütshengste nehmen zum Beispiel das Geräusch eines Hängers vor dem Stall zum Anlass, sich mit einem donnernden Hengstruf zu melden – sie verkünden einem Neuankömmling: „Hier bin ich – und ich bin der Hengst im Stall!"

WUSSTEN SIE?

- Stimmlage ist bei Pferden nicht an Größe gebunden – ganz im Gegenteil. Die imposantesten Hengstrufe kommen oft von Shetland-Hengsten.
- Wenn Ihr Pferd nach Ihnen wiehert, können Sie sich geehrt fühlen. Dann hat es Ihnen nämlich einen „akustischen Namen" gegeben.

Freundlichkeit

Im Französischen heißt der Reiter „Chevalier“, im Spanischen ist er der „Caballero“ und selbst bei uns gibt es eine Verbindung zwischen „Reiter“ und „Ritterlichkeit“.
Es ist kein Zufall, dass der „Reiter“ in vielen Sprachen mit Begriffen verbunden ist, die Freundlichkeit assoziieren. Aber hat das wirklich nur damit zu tun, dass Reiter fast immer zur Oberschicht gehörten und man daher von ihnen Benimm erwartete? Oder kommt es vielleicht auch daher, dass Pferde freundliche Tiere sind und man davon ausging, dass ihr Verhalten Einfluss auf die Menschen hat, die mit ihnen umgehen?

Guten Tag, Mensch

Verstehen Sie Menschen, die vor Pferden Angst haben? Natürlich, die lieben Tiere sind sehr groß, sehr stark und sie haben Hufe und Zähne. Aber gleichzeitig sind sie doch sehr freundlich – und sie würden ihre „Waffen“ nie einsetzen, ohne vorher wenigstens deutlichst zu warnen. Außerdem: Ein Pferd, das keine schlechten Erfahrungen gemacht hat, kommt Menschen freundlich und neugierig entgegen – so wie der Braune im Bild. Sein ganzer Habitus zeigt, dass er nicht vorhat, dem Menschen, der ihm gegenübersteht, etwas zu tun. Ganz im Gegenteil! Das Pferd ist interessiert! Die Ohren sind freundlich gestellt, die Augen weit geöffnet, die Nase geht nach vorne und nimmt nicht nur den Geruch wahr, sondern bietet auch Kontaktaufnahme an.

Guten Tag, Pferd

Hier braucht man nur das Pferd zu sehen, um zu wissen, dass sich auf der Koppel eine freundliche Begegnung abspielt. Auch wenn der Schatten der Dame, die der Schimmelstute hier entgegentritt, sich nicht im Fell abzeichnen würde: Das Gesicht des Schimmels macht klar, dass ihr die Begegnung willkommen ist.
Auch hier haben wir wieder die freundlich gestellten Ohren – und nein, sie müssen gar nicht akkurat nach vorne zeigen. Es reicht, wenn sie aufrecht stehen. Dazu kommen die weit geöffneten Nüstern – der Schimmel nimmt den Individualgeruch der anderen interessiert auf. Und sie findet ihr Gegenüber so spannend, dass sie sogar das Fressen unterbricht und ihr die ganze Aufmerksamkeit widmet.

WUSSTEN SIE?

- Pferde haben „Manieren". Im Umgang miteinander pflegen sie bestimmte Höflichkeitsrituale, die immer gleich ablaufen. Pferderüpel, die sich nicht daran halten, sind in einer Gemeinschaft nicht willkommen.
- Pferde haben Launen. Wie freundlich sie uns gegenübertreten, hängt immer auch von ihrer Tagesform ab.

Körperpflege

Sag keiner, dass Pferde nicht sehr körperpflegebewusst wären! Das Problem mit ihnen ist nur, dass ihre und unsere Vorstellungen von Körperpflege oft sehr weit auseinander gehen. Während unsereins bei „Körperpflege" vorwiegend an „Sauberkeit" denkt, halten es Pferde mit dem Prinzip „Dreck wärmt". Die Spezialisten unter ihnen treiben das so weit, dass sie jede Bemühung ihres Menschen, sie sauber zu halten, sofort wieder unterwandern. Sie legen sich in der Box in den Mist oder sie wälzen sich an der dreckigsten Stelle, die sie auf der Koppel finden können. Allerdings muss man zugestehen: Dreck wärmt tatsächlich – oder besser gesagt: Das Hautfett im Fell sorgt dafür, dass Wasser abläuft und gar nicht erst die Haut erreicht.

Wenn's juckt...

...muss man sich als Pferd kratzen. Juckt es am Hinterteil, suchen sich Pferde gerne Bäume oder Zaunpfähle zum Scheuern. Das ist normal – dennoch sollte man als Pferdemensch ein wachsames Auge darauf haben: Ein Pferd, das sich dauernd am Hinterteil scheuert, könnte Würmer, einen Pilz oder ein Ekzem haben.

Könnte mal jemand...?

Fohlchen juckt's wahrscheinlich am Widerrist und Mähnenkamm – und da kann man nicht einmal als gelenkiges Pferdekind selbst daran kommen. Also sucht man sich einen Kumpel, der einen beknabbert, wofür dann die Gegenleistung geboten wird. Das Ganze nennt sich dann „soziale Fellpflege" und tut offensichtlich sehr gut.

Wohliges Scheuern

Geben wir's zu: Auch wenn unter Menschen „sich kratzen" als nicht sehr vornehm gilt – es tut dennoch gut. Bei Pferden ist es ähnlich. Haben sie beim Reiten unter der Trense geschwitzt, versuchen sie ganz schnell, die Wange am Bein zu scheuern. Und auch auf der Koppel ist es ab und zu nötig – und wie gut es tut, sieht man bei unserem Fuchs. Seine Ohren zeigen: Er genießt es.

Ganzkörpereinsatz

Es ist erstaunlich, wie Pferde sich verbiegen können, wenn es sie irgendwo juckt. Fohlen sind darin am geschicktesten – für sie ist es meist kein Problem, an einem Hinterbein oder am eigenen Rücken zu knabbern. Doch auch die meisten erwachsenen Pferde sind ganz gut darin, ihre Hinterpartie mit dem Maul zu erreichen.

Wälzen

Und was könnte besser sein, als sich zu wälzen und dabei den ganzen Körper am Boden zu scheuern und sich mit Staub zu panieren? Wälzen gehört zu den absoluten „Komforthandlungen" bei Pferden – und macht auch beim Zuschauen Spaß, denn ein sich wälzendes Pferd signalisiert: „Ich fühle mich sicher und rundherum wohl!"

Lebensfreude

Lebensfreude drückt sich bei Pferden in Bewegung aus. Sie sind Lauftiere – und als solche freuen sie sich an ihrer eigenen Kraft und Geschmeidigkeit. Und damit erfreuen sie auch uns, denn was ist schöner als ein frei laufendes Pferd?
Basti war ein Pferdeopa und man sah es ihm an. Er war 31 Jahre alt, sein Gesicht war grau geworden, der Rücken war eingefallen und er hatte Arthrose in den alten Beinen. Er war nicht mehr so fit wie einst, aber er freute sich seines Lebens – und er zeigte es. Wenn er morgens auf die Koppel geführt wurde, konnte er es kaum erwarten, bis er vom Strick losgemacht wurde. Und dann interessierte ihn das saftigste Gras nicht. Zuerst einmal musste Basti sich austoben. Er rannte los, buckelte fröhlich und legte dann noch ein, zwei Runden Trab ein, bevor er sich dem Gras zuwandte.

Natürliche Bewegungen

Man hört es immer wieder: „Dressur ist unnatürlich." Wer diese Meinung vertritt, hat wahrscheinlich noch nie frei laufenden Pferden auf der Koppel zugesehen. Unsere gut gefütterten Stallpferde strotzen nur so vor Kraft – und wollen sich austoben. Die gelenkigen unter ihnen zeigen dabei – einfach so, weil es Spaß macht – so ziemlich alle großen Dressurlektionen. Von der Trabverstärkung über die Passage bis zur Piaffe, Schulterherein, Travers und Renvers oder ein paar fliegende Wechsel – je nach Begabung des Pferdes wird in der freien Bewegung das ganze Programm vorgeführt.
Und ganz ehrlich: Sieht ein Pferd je schöner aus als wenn alle Muskeln an seinem Körper spielen und es freiwillig, als Ausdruck seiner Lebensfreude, alles zeigt, was es kann?

Let's fetz!

Zu den beliebten Koppelvergnügungen gehört der Renngalopp – je schneller, desto besser. Einmal alle Kräfte spielen lassen, richtig Tempo machen, mit donnernden Hufen dahinstürmen – Pferde genießen es.

Kräftig bocken

Hoch den Po! Auch die „hohe Schule" der Dressur, die Sprünge, sind keineswegs unnatürlich. Im Gegenteil, wie der Friese im Bild vorführt. Er zeigt, was französische Schulreiter als „Croupade" präsentieren.

Konditionstraining

In der Natur ist nichts „einfach so" entstanden. Die außerordentliche Bewegungsfreude der Pferde macht Sinn: Dass Pferde sich nicht nur auf der Flucht anstrengen, sondern durchaus auch einmal „nur zum Spaß" losrennen, hat einen Effekt, der sehr wichtig sein kann. Sie trainieren sich selbst, sie bauen im Spiel Kondition auf und halten sich geschmeidig, was ihnen dann natürlich auf der Flucht wieder Vorteile bringt.

Dösen und Schlafen

Warum brauchen Pferde Schlaf? Wahrscheinlich aus den gleichen Gründen wie wir Menschen: Der Körper muss Ruhephasen haben, um sich zu regenerieren. Und das Gehirn braucht Zeit, sich aufzuräumen. Während Wachphasen stürmen Unmengen von Informationen auf das Pferd ein. Und wie bei uns, werden sie auf „Nützlichkeit" im Moment selektiert. Die „unnützen" Informationen bleiben übrig – und müssen irgendwann einmal wieder aussortiert werden. Dafür steht vermutlich der Schlaf.

Ich bin so müde!

Der Hals wird lang, der Kopf scheint immer schwerer zu werden, die Ohren klappen zur Seite, die Unterlippe hängt, die Augen fallen zu – gibt es bei diesem Bild noch eine Frage darüber, wie sich das Pferd fühlt? Eine kleine Döse-Runde in der Mittagssonne ist jetzt genau richtig.

Dösen statt schlafen

Um mit einem Irrtum aufzuräumen: Nein, Pferde schlafen nicht im Stehen. Um in den Tiefschlaf zu finden, müssen sie sich hinlegen. Dummerweise trauen sie sich das nur, wenn sie sich sicher fühlen – und das kommt bei frei lebenden Pferden nicht oft vor. Darum haben Pferde das Dösen zur Meisterschaft entwickelt. Dabei bleiben sie stehen, entspannen aber einen Teil ihres Körpers, indem sie das Gewicht auf ein Hinterbein verlagern und das andere durch Hochziehen entlasten.

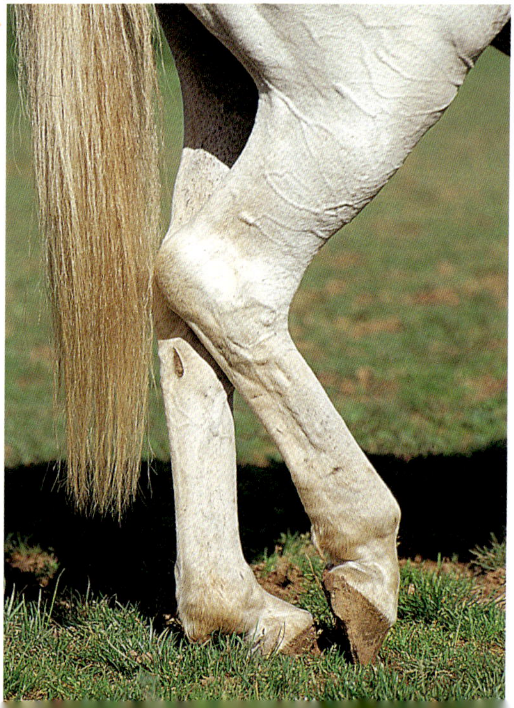

Müdes Pferdekind

Bei Pferdekindern ist es wie bei unserem Nachwuchs: In den Wachphasen toben sie unter Einsatz all ihrer Energie und scheinen kaum einen Moment still zu stehen. Dabei sammeln sie eine Riesenmenge Informationen und Erfahrungen, die das Gehirn dann verarbeiten und einsortieren muss. Dementsprechend brauchen junge Pferde deutlich mehr Schlaf als erwachsene Pferde. Während die selten länger als eine Stunde am Stück schlafen und insgesamt mit höchstens fünf bis sechs Stunden Schlaf in 24 Stunden auskommen müssen, schlummern die Youngsters bis zu sieben oder acht Stunden. Und damit nicht genug: Sie gönnen sich dazwischen auch noch Dösephasen.

Nach dem Essen …

… sollst du ruhn oder tausend Schritte tun", heißt es bei uns Menschen. Pferde würden die tausend Schritte für Verschwendung halten. Warum sollten sie die gerade zugeführte Energie gleich wieder verbrauchen? Bei Pferdekindern, die Energie zum Heranwachsen brauchen, gilt das noch viel mehr als bei erwachsenen Pferden. Darum ist es für Pferdebabys keine Frage: Wenn sie eine größere Mahlzeit an Mutterns „Tankstelle" eingenommen haben, ist ein Schläfchen angesagt.

Anspannung, Flucht und Angst

Pferdeleben ist nicht einfach. Selbst wenn man als „Hauspferd“ seine Zeit im Stall und auf der Koppel verbringt, ist man vor Angst und Anspannung nicht sicher.
In jedem unserer domestizierten Pferde steckt nämlich immer noch das Wildpferd mit all seinen Instinkten. Und bei allem Vertrauen, das Pferde – im besten Fall – zu ihren Menschen entwickeln: Zu begreifen, dass sie in unserer Obhut vor nichts mehr Angst haben müssen, werden unsere vierhufigen Freunde wohl nie schaffen.
Ihre Wachsamkeit und ihre stete Fluchtbereitschaft ist ihnen angeboren und auch nicht abzugewöhnen. Wer immer mit Pferden umgeht, muss sich darauf einstellen.

Pass auf!

Irgendetwas beunruhigt den Fuchswallach. Mit hoch erhobenem Kopf, steil nach vorne gestellten Ohren und angespannten Muskeln beobachtet er – fährt da gerade ein Traktor mit knatterndem Motor vorbei? Oder nähert sich gar ein Hund? Caniden – die Hundartigen – sind bei allen Pferden im Instinktprogramm als „gefährlich“ abgespeichert und selbst Pferde, die sich im Stall an den Umgang mit Hunden gewöhnt haben, können auf der Koppel fliehen, wenn ihnen einer zu nahe kommt.

WUSSTEN SIE?

▸ Flucht ist gesund. Hat ein Pferd vor etwas Angst, wird Adrenalin ausgeschüttet. Es sorgt dafür, dass sich der Blutdruck erhöht, der Herzschlag beschleunigt und Energie für den Blitzstart bereitgestellt wird. Das Adrenalin muss aber auch wieder abgebaut werden – und dafür ist Bewegung wichtig.

Und ab die Post!

Was immer der Fuchs gesehen hat – jetzt ist es ihm zu gefährlich geworden. Er startet im Galopp durch. Und dass er hier nicht einfach aus Lebensfreude rennt, ist deutlich zu sehen: Sein Schweif schlägt – womit er Herdengenossen seine Anspannung signalisiert – und seine Hinterhand ist starr und zum Ausschlagen bereit.

Ballast abwerfen

Ist die Aufregung groß, kommt die Verdauung in Gang. Denn Pferde äpfeln immer, wenn sie aufgeregt sind. Sie werfen sozusagen Ballast ab, bevor sie die Flucht antreten und im Galopp das Weite suchen. Gleichzeitig signalisieren sie ihren Herdengenossen, dass Gefahr in Verzug ist und sie sich fluchtbereit halten sollen.

Vorsicht ...

... zeichnet ein kluges Pferd aus. Auch wenn es uns unverständlich erscheint, dass ein Pferd vor einem Holzstapel scheut – aus der Sicht eines Pferdes ist es nur vernünftig, sich das Ding erst einmal aus einiger Distanz anzuschauen. In der Natur könnte nämlich ein Fressfeind den Holzstapel als Tarnung nutzen. Also wäre es dumm, sich ohne weitere Vorsichtsmaßnahmen anzunähern.

Schmerzen

Derjenige, der einst den Ausdruck „Rossnatur" aufgebracht hat, kann keine Ahnung von Pferden gehabt haben. Verglichen mit anderen Haustieren wie zum Beispiel Kühen sind Pferde – vor allem die hochgezüchteten Reitpferde, mit denen wir heute Umgang haben – ziemlich empfindlich. Ihre Lunge verträgt weder Staub noch dicke Luft – wenn sie nicht genug ausgelüftet wird, entwickelt sich eine Art „Asthma", bei Pferden Dämpfigkeit genannt. Ihr Verdauungsapparat ist ausgesprochen sensibel – verdorbenes Futter oder falsche Fütterung löst Koliken, Darmverschlingungen oder Hufrehe aus. Falsche Belastung beim Reiten kann zu Rücken- und Beinproblemen führen, Allergien sind bei Pferden heute auch nicht mehr selten. Kurz und nicht gut: Wer mit Pferden umgeht, muss fähig sein, ihr Befinden einschätzen zu können.

Schau mir in die Augen

Im Fall des Pferdes im Bild braucht man kein Veterinärmedizin-Studium, um zu erkennen, dass es ihm nicht gut geht. Doch selbst wenn das Auge nicht blutunterlaufen wäre – ein tiefliegendes, abgewandtes Auge weist bei Pferden fast immer auf eine Störung im Wohlbefinden hin.

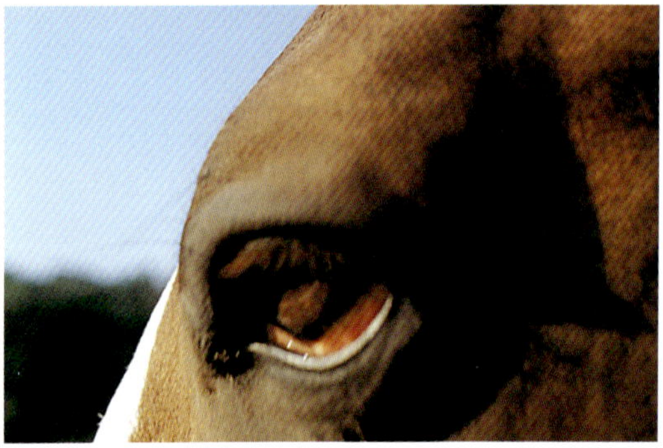

Lahmheiten

Es gibt fast kein Pferd, das nicht im Laufe seines Lebens einmal ein Bein verletzt und dadurch lahm geht. Lahmheit erkennt man als Reiter – und wer im Zweifel ist, ob ein Pferd wirklich unklar geht, muss es nur einfach auf Asphalt traben lassen. Lahmheiten hört man nämlich – sie führen zu Taktunreinheiten und Rhythmusfehlern.

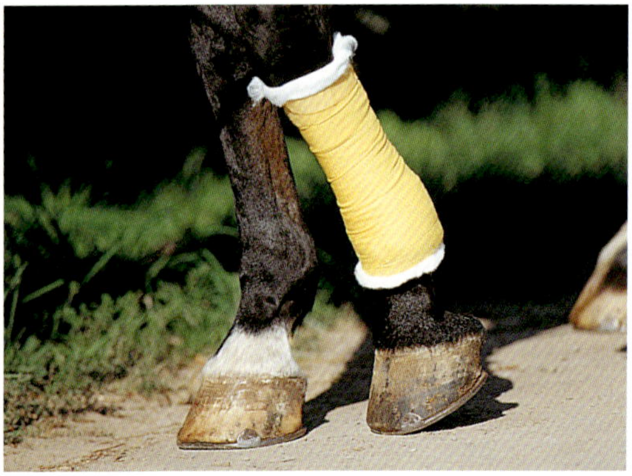

Noch einmal Wälzen

Erinnern Sie sich? Wenige Seiten zuvor haben Sie ein Pferd gesehen, dass sich wohlig gewälzt hat. Hier aber sehen sie eines, das sich wälzt, weil es Schmerzen hat. Die Anzeichen sind bei genauerem Hinsehen klar: Das Pferd ist keineswegs locker wie beim „Komfortwälzen", sondern zeigt deutliche Spannungen im Hals und Hinterbein. Solche Spannungen deuten fast immer auf eine akute Kolik hin. Früher galt bei Koliken, dass man ein Pferd mit allen Mitteln vom Wälzen abhalten sollte. Heute vertraut man Pferden und ihren Bedürfnissen mehr. Tierärzte wissen nämlich, dass Pferde es nicht selten schaffen, beim Wälzen einen verdrehten Darm wieder auszudrehen.

Auf den ersten Blick ...

... sieht diese Koppelszene normal aus. Doch auf den zweiten fällt auf: Der Fuchs scheint sich nicht wohl zu fühlen. Der schlagende Schweif, die seltsam verspannte Haltung und vor allem das Gesicht mit dem „eckigen" – also angespannten – Maul zeigt, dass mit ihm etwas nicht in Ordnung ist.

Alte Pferde

Wildpferde – besonders die erfahrenen Leittiere – werden sehr alt. 20 Jahre sind keine Seltenheit. Manche können sogar über 30 Jahre alt werden. Sie haben im Laufe ihres Lebens viel Erfahrungen gesammelt, von denen die Herde profitiert. Auch in menschlicher Obhut werden Pferde 30 Jahre und älter. Doch wenn ein Pferd nicht mehr geritten werden kann, darf es nicht einfach „weggestellt" werden. Alte Pferde brauchen und verdienen unsere Fürsorge und Aufmerksamkeit. Gerade, wenn die ersten Zipperlein plagen, sollte der Mensch da sein – und zurückgeben, was er von diesem Pferd im Lauf eines langen Lebens bekommen hat.

Der Seniorenclub

Wer seinem alten Pferd etwas Gutes tun will, sorgt dafür, dass es in Pferdegesellschaft leben kann. Allerdings: Es einfach einzupacken und auf dem nächsten Gnadenhof abzuliefern, kann in vielen Fällen als „Ungnade" angesehen werden. Umstellungen fallen alten Pferden bedeutend schwerer als jungen und das Eingewöhnen in eine bestehende Gemeinschaft erfordert gerade bei einem Senior eine ganze Menge Geduld. Er kann nicht mehr so schnell fliehen wie ein junges Pferd und er ist gefährdeter, wenn ein anderes nach ihm tritt. Darum muss man ihm Zeit und Rückzugsmöglichkeit geben, bis er sich an die anderen und diese sich an ihn gewöhnt haben.

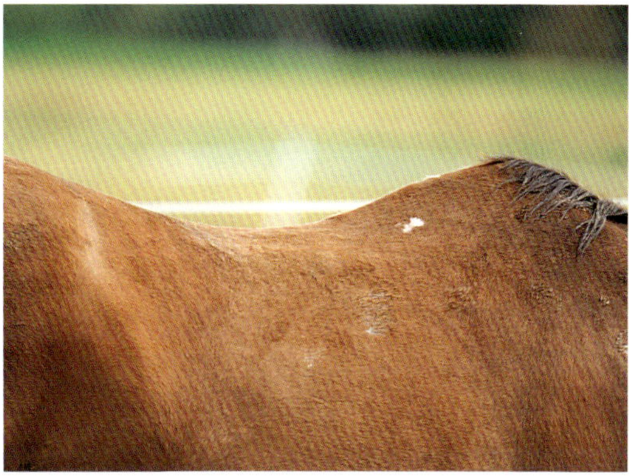

WUSSTEN SIE?

▸ Das Leben eines domestizierten Pferdes besteht aus vier Sieben-Jahres-Phasen: Bis zum siebten Lebensjahr gilt das Pferd als „jung". Zwischen sieben und 14 erreicht es seine höchste Leistungsfähigkeit. Ab 15 gilt es als „älteres" Pferd, ab 21 als „Senior".

Die Zeichen des Alters

Man braucht kein Pferdekenner zu sein, um beim Bild oben zu erkennen, dass der Braune ein Pferdeopa ist. Sein ganzer Körper zeigt, dass er nicht mehr jung und knackig ist. Die Muskeln haben sich zurückgebildet, die Sehnen haben ihre Spannkraft eingebüßt, der Rücken ist eingesunken, das Fell ist struppiger geworden und hat seinen Glanz verloren.

Mit viel Liebe

Wenn Pferde älter werden, sieht man es ihnen im Gesicht an. Die Augenpartie fällt ein, die Knochen treten hervor und oft genug zeigen sich im Gesicht auch graue Haare. Viele Pferdesenioren werden auch „milder" und anhänglicher. Sie genießen die Streicheleinheiten, die sie von ihren Menschen bekommen, und freuen sich an gemeinsamen Spaziergängen.

Pferde und andere Tiere

Pferde sind nicht allein. In der Natur leben sie mit jeder Menge anderer Tiere zusammen – und dieses Zusammenleben basiert keineswegs nur auf Furcht gegenüber den Fressfeinden und Ignoranz gegenüber den Tieren, die für Pferde ungefährlich sind.
Pferde sind fähig, mit anderen Individuen zu kommunizieren und „Fremdsprachen" zu verstehen. Das macht es für uns möglich, mit ihnen umzugehen; es macht es aber auch für Pferde möglich, mit den Tieren, mit denen sie zusammenleben, ein Verhältnis aufzubauen. Dabei beweisen sie in menschlicher Obhut überragende Lernfähigkeit: Sie lernen sogar mit „Fressfeind" Hund zu leben, zu spielen und sich mit ihm anzufreunden.

Hundebegegnungen

Es gibt zwei Gründe, warum Pferde und Hunde es nicht leicht miteinander haben. Der Erste ist, dass der Hund beim Pferd unter „Feindbild" läuft. Der Zweite: Pferde und Hunde haben ein echtes Verständigungsproblem. Ihre Körpersprache passt nicht zusammen. Schlimmer noch: Sie ist teilweise genau entgegengesetzt.

Katzenfreunde

Katzen und Pferde verstehen sich trotz unterschiedlicher Art recht gut. Beide sprechen eine ähnliche Sprache, was die Verständigung erleichtert. So bedeutet ein wedelnder Schwanz bzw. ein peitschender Schweif bei beiden Unmut, nach vorn gerichtete Ohren Freundlichkeit.

Trotz alledem

Doch trotz aller Verständigungsprobleme: Hunde und Pferde können sich nicht nur aneinander gewöhnen, sondern sogar richtig Spaß miteinander haben. Wenn sie miteinander aufwachsen, können sie die Sprache des jeweils anderen erlernen und richtig gute Freunde werden.
Dennoch sollte der Mensch immer ein Auge auf die beiden haben. Bei einem Hund kann Übermut dazu führen, dass er den Spielgefährten auf vier Hufen in die Hanken kneift. Das könnte beim Pferd den Reflex zum Ausschlagen auslösen – und wenn 600 Kilogramm Pferd zutreten, sind die Chancen für 30 Kilogramm Hund nicht sehr gut. Hunde sind aber nicht die einzigen anderen Haustiere, mit denen sich Pferde gerne amüsieren. Katzen sind bei Pferden sogar noch beliebter als Hunde. Sie sprechen weitgehend dieselbe Sprache, scheinen Pferdegeruch zu mögen und halten sich gerne im Stall auf. Zudem sind Katzen verschmust – und Pferde scheinen für ihre Zärtlichkeit empfänglich zu sein. Es gibt sogar Pferde-Katzen-Freundschaften, bei denen die Katze nachts auf dem Rücken des Pferdes schlafen darf.

WUSSTEN SIE?

- Pferde brauchen Gesellschaft. Am liebsten sind sie mit anderen Pferden zusammen.
- Pferde erkennen offensichtlich sowohl den Bernhardiner als auch den Dackel als Angehörigen der Spezies „Hund“.

Pferde und Kühe

Dass Westernpferde gut mit Kühen umgehen können und offensichtlich Spaß daran haben, Rinderherden zusammenzutreiben, ist Pferdeleuten bekannt. Doch woher kommt das, was Westernreiter „Cow Sense“ nennen?
Sicher, der „Cow Sense“ ist heutigen Westernpferden angezüchtet. Sie werden seit Jahrzehnten erfolgreich darauf selektiert. Doch anzüchten kann man nur eine Eigenschaft, deren Voraussetzungen schon da sind. Das „Kuhverständnis“ basiert bei Pferden auf ihrer überlebensnotwendigen Fähigkeit, das Verhalten anderer Tiere – wie zum Beispiel ihrer Fressfeinde – einschätzen zu können.

Vorahnung

Bei der Arbeit mit Rindern zeigen gute Westernpferde nicht nur, dass sie vorauszuahnen scheinen, wohin sich das Rind im nächsten Moment bewegt, sondern beweisen außerdem perfekte Kooperation mit anderen Pferden. In der Hütearbeit erfahrene Pferde bemühen sich von sich aus, ihre Reiter möglichst nahe an das Rind heranzubringen.

Geschickte Sprinter

Die fürs Kuhhüten am besten geeignete Pferderasse sind die Quarter Horses. Ihren Namen haben sie von ihrer Spezialität bekommen: Dem Rennen über die „Quarter Mile“, auf der sie ihre erstaunliche Antrittsfähigkeit und ihr Können in Sachen Kurzsprint – beides Eigenschaften, die bei der Hütearbeit gefordert sind – beweisen.

„Eine Kuh macht muh …

… viele Kühe machen Mühe." Der alte Bauernspruch gilt auch für die Hütearbeit. Ein Rind ist leicht im Griff zu behalten. Doch wenn sich erst einmal eine Kuhherde zur Stampede entschieden hat, haben die Hütepferde alle Hufe voll zu tun. Kluge Cow-Horses lassen es erst gar nicht dazu kommen.

Die Herde im Auge

Pferde mögen Herausforderungen – und für ein Westernpferd gibt es keine größere, als eine ganze Herde Rinder beieinander zu halten. Der Fuchs im Bild zeigt es: Er ist voll auf seine Aufgabe konzentriert. Ein Ohr der Herde, das andere seinem Partner im Sattel zugewandt, hat er die Rinder im Blick. Er sieht jedes Tier, er sieht jedes Schwanzwedeln und scheint die nächsten Bewegungen geradezu vorauszuahnen.

Pferde und Menschen

Die Beziehung zwischen Mensch und Pferd hat schon vor tausenden von Jahren begonnen, als Menschen und Pferde sich die Steppe teilen mussten. Damals waren Pferde Beutetiere. Doch etwas von der Faszination Pferd müssen unsere Vorfahren schon verspürt haben – oder hätten sie sonst so viele liebevolle Pferdedarstellungen in ihren Höhlen hinterlassen? Irgendwann kam der Mensch darauf, dass man Pferde nicht nur essen, sondern auch reiten kann – das liegt schon lange zurück. Die erste bekannte Reitkultur entstand vor ungefähr 5000 Jahren. Seitdem gehört das Pferd zu unserer Kultur und hat sie mit geprägt.

Kontaktaufnahme

Große, vertrauensvolle Augen, die uns anschauen; eine weiche Samtnase, die sich annähert und Kontakt aufnimmt; das Schimmern im seidigen Fell; der warme Duft nach Pferd – unzählige Menschen können und wollen sich dieser Faszination nicht entziehen. Und mit der Fähigkeit, sich mit uns anzufreunden, hat das Pferd in einer immer enger werdenden Natur wieder einmal seine „Fitness" in Sachen Überleben bewiesen: Als Freund des Menschen hat es, obgleich sein natürliches Habitat in unseren Breitengraden inzwischen fast vollkommen zerstört ist, eine neue Nische gefunden, in der es weiter existieren und sich sogar fortpflanzen kann.

Doch wenn wir uns den Pferden zuwenden, sollten wir bei der Kontaktaufnahme die Pferde-Etikette nicht verletzen. Dazu gehört, dass sich der Mensch so annähert, dass er auch vom Pferd gesehen wird: Also nicht von hinten oder aus dem toten Winkel heraus. Zur Begrüßung hält man ihm die Hand hin. Der Vierbeiner hat so die Möglichkeit, unseren Geruch aufzunehmen. Sie erinnern sich: Pferdebegegnungen beginnen mit einem Begrüßungsschnuppern.

Vertrauen

Zu den wichtigsten Erfahrungen, die Mensch und Pferd miteinander machen können, gehört das gegenseitige Vertrauen. Beide müssen die Angst vor dem Unbekannten überwinden, beide müssen sich auf den jeweils anderen einlassen, um ihn nahe kommen zu lassen. Vertrauen ist die Basis ihrer Beziehung zueinander – und aus ihr erwächst alles andere.

Berührung

Eine der ursprünglichsten Arten, sich einem anderen Lebewesen mitzuteilen, ist die Berührung. Ein Streicheln, die Wärme, die von einem auf den anderen übergeht, ist nicht misszuverstehen. In der Berührung wird ein Kontakt auf emotionaler Ebene hergestellt, der beiden Beteiligten gut tut. Sowohl Pferd als auch Mensch sind soziale Wesen. Nähe zu anderen Individuen gehört zu ihren Grundbedürfnissen.
Und Berührung ist auch immer „begreifen" – lernen über den anderen, ihn und seine Bedürfnisse wahrnehmen und ganz unmittelbar erfahren.
Aus dem heraus erklärt sich, warum der Kontakt mit Pferden eine therapeutische Wirkung auf den Menschen hat – und warum die, die mit Pferden zu tun haben, oft glücklichere Menschen werden.

Korrekter Umgang

Sozialer Kontakt mit einem anderen Individuum beruht auf der Fähigkeit, Spielregeln für den Umgang miteinander festsetzen und einhalten zu können. Unter uns Menschen nennen sich die Spielregeln „Manieren“ – und sie basieren auf bestimmten, für beide Teile voraussehbaren Ritualen. Genau solche Rituale braucht man auch im Umgang mit dem Pferd. Sie geben beiden Partnern Sicherheit und sorgen dafür, dass auf beiden Seiten keine Grenzen überschritten werden.

Führen

Geführt wird jeden Tag und es sieht so selbstverständlich aus, dass viele von uns gar nicht mehr darüber nachdenken – bis sie an ein Pferd geraten, mit dem es auf einmal nicht klappt.
Die wichtigste Regel: Der Mensch fasst nicht einfach ins Halfter, sondern führt am Strick. Pferde haben nämlich einen Anspruch darauf, dass ihre Individualdistanz respektiert wird. Im Gegenzug dazu darf das Pferd allerdings auch nicht drängeln.

Bitte ganz freundlich!

Beim Putzen unterschreitet der Mensch unweigerlich die Individualdistanz des Pferdes. Er muss ihm nahe kommen – sogar an Stellen, an denen es dem Pferd nicht unbedingt angenehm ist.
Der Mensch sollte sich darüber bewusst sein, dass das Vertrauen, das ihm das Pferd entgegenbringt, respektiert werden sollte.

Hygienefragen

Die meisten Reiter wissen es: Unsere und eines Pferdes Vorstellungen über Hygiene liegen oft sehr weit auseinander. Aber Pferde sind kompromissbereit. Zudem kommen sie uns insofern entgegen, dass sie zumindest einen Teil des Putzens unter „soziale Fellpflege" verbuchen und sogar genießen können. Ein Gummistriegel, der verschwitztes Fell auflockert, ist angenehm; eine weiche Bürste fühlt sich wie ein Streicheln an. Dennoch sollte man die Hygiene bei Pferden nicht übertreiben. Sicher – Nasen müssen ab und zu geputzt werden. Aber bitte mit Vorsicht und nur äußerlich. Und was den Einsatz von Wasser und Shampoo angeht, sollte man eher sparsam sein. Dabei geht dem Pferd nämlich der natürliche Säureschutzmantel der Haut verloren.

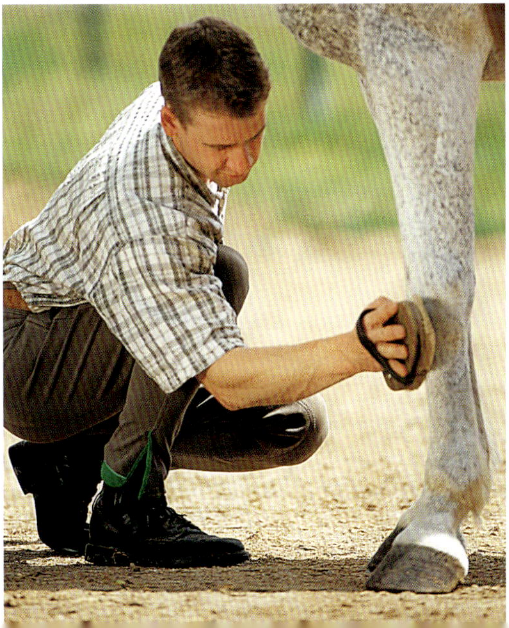

Bitte nicht!

Bei allem Vertrauen ins Pferd: Sich vor, zwischen oder hinter die Hufe zu hocken, ist keine gute Idee. Auch das bravste, wohlerzogenste Pferd kann sich einmal erschrecken und ausschlagen. Der Mensch sollte vorbereitet sein – und in einer Position, aus der er schnell wegkommt und dem Pferd keine empfindlichen Körperteile präsentiert. Auch wenn es für den Rücken nicht angenehm ist: Am Pferd sind Rumpfbeugen angesagt.

Ungehorsam

Die Vision hat etwas: Ein gleichberechtigtes Verhältnis zum „Partner" Pferd, eine Beziehung, in der nicht einer der Boss und der andere der Untertan sein muss. Das Dumme an der Vision ist nur, dass sie bei Pferden nicht funktioniert. Pferde müssen nämlich in unserer Welt leben – und in der sind sie von Dingen gefährdet, die sie nicht selbst einschätzen können. Spätestens dann, wenn der Tierarzt dem Pferd eine Spritze geben muss oder wir mit ihm über eine viel befahrene Straße gehen müssen, sind Führungsqualitäten beim Menschen gefragt. Doch warum sollte man „Autorität" negativ sehen? Pferde sind daran gewöhnt, sich in der Herde der Autorität ihrer Leittiere zu beugen. Autorität gibt Sicherheit und eine klare Hierarchie beugt Verwirrung vor. Wer mit einem Pferd umgeht, muss Verantwortung übernehmen.

Autoritätsprobleme

Tja – hier ist es gründlich schief gegangen: Der Mensch möchte weitergehen, das Pferd sieht es aber überhaupt nicht ein. Es möchte lieber fressen.

Natürlich könnte man hier fragen: Warum soll es nicht? Doch dem könnten diverse Antworten gegenüberstehen: Das Gras ist gespritzt, der Busch dahinter giftig für Pferde. Und selbst wenn all dies nicht der Fall ist: Ein Pferd darf nicht einfach fressen. Bleibt die Frage: Wie bringt man einem Pferd bei, dass es folgen soll? Die Antwort: Konsequente Erziehung. Sie fängt mit einer Festlegung an: Wenn das Pferd geführt wird, darf es nicht fressen. Und um das auszuführen, benötigt man eine ganze Menge Durchsetzungsvermögen. Wenn das Pferd fressen möchte, erfolgt ein energisches „Nein" und man geht zielstrebig weiter. Wer konsequent durchhält, hat bald ein Pferd, das weiß, wann es fressen darf und wann nicht.

Verwöhntes Pferd

Ob Möhren, Äpfel oder Leckerlies: Alles willkommene Leckerbissen für den Vierbeiner. Doch diese Gaben sollten gezielt eingesetzt werden: Macht das Pferd etwas gut und richtig, hat es eine Belohnung verdient und erhält ein Leckerli. Stopft man allerdings ständig etwas in das große Pferdemaul, weil Freund Pferd gerade so süß guckt oder so freundlich an der mit Leckerlies bestückten Hosentasche schnuppert, „erzieht" man es sehr schnell zu einem aufdringlichen Etwas. Das Pferd vergisst auf der Suche nach Fressbarem alle Manieren und unterschreitet die Individualdistanz des Menschen.

WUSSTEN SIE?

- Pferde sind extrem gute Beobachter. Darum ist Körpersprache so wichtig. Wenn Sie ein Stimmkommando geben, Ihr Körper aber Unentschlossenheit signalisiert, wird das Pferd Ihnen nicht folgen. Denn Ihre Körpersprache ist für das Tier viel aussagekräftiger als Ihre Worte.
- Machen Sie sich immer vorher klar, was Sie von Ihrem Pferd wollen – und setzen Sie Energie hinter Ihre Kommandos.

Gib mir bitte die Möhren!

Der Braune wünscht sich in diesem Moment nichts sehnlicher als diese knackigen Möhren. Er hat allerdings gelernt, dass er so lange stehen bleiben muss, bis ein anderes Signal erfolgt. Doch wie bringt er die Möhren dazu, zu ihm zu kommen? Mit langem Hals, gespitzten Ohren und sehnsüchtigen Blicken wünscht er sich die Leckerbissen herbei.
Sicher wird die Reiterin gleich erbarmen haben und ihn für sein braves Warten mit einem knackigen Stück Karotte belohnen, das er sich redlich verdient hat.

Artgerechte Haltung

Wichtiger noch als der Kontakt zum Menschen ist für ein Pferd und seine körperliche und psychische Gesundheit die artgerechte Haltung.
„Artgerecht" kann in keinem Fall Einzelhaft in der Box bedeuten. Pferde brauchen Licht, Luft, andere Pferde und die Möglichkeit, sich zu bewegen. Wie wichtig Letzteres ist, zeigen einige Zahlen: Ein freies Pferd bewegt sich bis zu 16 Stunden am Tag und legt dabei etwa acht Kilometer zurück, wobei seine Schrittlänge circa 80 Zentimeter beträgt. Ein Boxenpferd dagegen bewegt sich eine Stunde am Tag und legt mit einer Schrittlänge von 30 Zentimetern gerade mal 170 Meter zurück.

Klassische Boxenhaltung

Die klassische Art der Pferdehaltung ist bei uns die Aufstallung in einer Box. Sie hat den Vorteil, dass die Pferde mühelos individuell zu füttern und dass sie für den Reiter jederzeit verfügbar sind. Der Nachteil allerdings ist, dass Pferde sich in der Box oft sehr langweilen und dabei „Ticks" wie Weben und Koppen entwickeln.

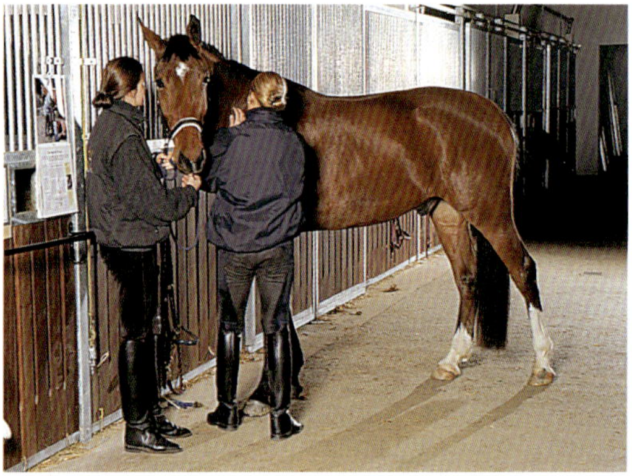

Bitte mit Aussicht

Wenn schon Boxenhaltung, dann sollten die Pferde wenigstens Außenboxen haben, in denen sie genug frische Luft und Unterhaltung bekommen. Wird ihnen dazu noch die Möglichkeit geboten, Riech-, Seh- und Hörkontakt mit ihren Nachbarn aufzunehmen und bekommen sie zusätzlich genug Auslauf auf der Koppel, kann Boxenhaltung durchaus als „artgerecht" bezeichnet werden.

Hinter Gittern …

… meint in diesem Fall keineswegs den „Pferdeknast“, sondern im Gegenteil eine Haltungsform, die Pferde sehr mögen: Als Gruppe im Laufstall. Der Haken ist allerdings, dass Haltung im Laufstall beim Füttern mehr Mühe macht und man die Pferde für die Arbeit aussortieren muss. Daher sind Laufställe meist nur auf Gestüten zu finden.

Nicht nur für Robustpferde

Wenn Pferde wählen dürften, würden sich wahrscheinlich selbst vornehme Turnierpferde für die Offenstallhaltung entscheiden. Dabei leben sie in einer Gruppe auf einer großen Koppel, auf der ein Unterstand – der nicht einmal besonders luxuriös sein muss – bei Regen und Sturm Schutz bietet. Die Pferde können sich bewegen, wie es ihnen gefällt, sie haben genug Unterhaltung und Sozialkontakt zu ihren Gefährten, sie können ihre Tage fast wie frei lebende Pferde verbringen.

Und nein, es ist definitiv nicht so, dass nur Robustpferderassen wie Isländer und Fjordpferde die Offenstallhaltung vertragen. Jedes Pferd – ob zarter Araber, nervöser Vollblüter oder sportlicher Warmblüter – kann sich an Offenstallhaltung gewöhnen.

Weidegang

Zu den schlimmsten Sünden, die Menschen im Umgang mit Pferden begehen können, gehört das Einsperren. So gut es manchmal gemeint ist: Die Verletzungsgefahr auf der Koppel rechtfertigt nicht, dass ein Pferd sich nicht draußen frei bewegen darf. Es ist für die psychische und physische Gesundheit eines Pferdes lebensnotwendig, dass es Licht, Luft, Sonne und Wind zu spüren bekommt und dass es Gelegenheit hat, mit anderen Pferden zusammen zu sein. Was immer man für ein Pferd im Stall tut, wie oft und abwechslungsreich man es auch bewegt – nichts kann den Koppelgang ersetzen. Er gehört zu den „Grundrechten“ des Lauftieres Pferd und sollte vor allem im Sommer nicht die Ausnahme, sondern die Regel sein.

Friede, Freude, Eierkuchen

Gibt es ein hübscheres, friedlicheres Bild als Pferde, die auf der Wiese stehen und gemütlich miteinander grasen?
Allerdings steckt hinter einem solchen Bild viel Arbeit. Eine Koppel muss nämlich sorgfältig gepflegt werden. Mindestens einmal in der Woche sollte der Mist abgesammelt werden und sie muss gemäht werden.

Ersatzhandlung

Manchmal geht es einfach nicht. Das Pferd hat sich verletzt und gehört zu denen, die auf der Koppel – ungeachtet der angeschlagenen Sehne – toben würden. Doch selbst dann sollte man nicht einfach die Wiese vom Programm streichen, sondern sich und seinem Pferd einen Spaziergang mit ausführlichen Fresseinlagen am Strick gönnen.

WUSSTEN SIE?

▸ Pferde brauchen auch im Winter und bei schlechtem Wetter frische Luft. Regen und selbst Schnee ist kein Problem für sie – ihr Fell ist wasserdicht. Wenn bei Matschwetter die Koppeln nicht begehbar sind, sollten Pferde als Alternative ein Paddock haben – mit Heu gegen Langeweile.

Nur mit meinem Kumpel

Koppelgang dient bei Pferden nicht nur dem „Auslüften" der Lunge und ist auch nicht nur eine Chance, frisches Gras zu futtern. Ebenso wichtig beim Koppelgang ist die Chance zum sozialen Kontakt mit anderen Pferden. Allerdings verstehen sich nicht alle Pferde. Daher müssen Koppelgemeinschaften sorgfältig zusammengestellt werden.

Dampf ablassen

Es gibt Tage, an denen man als Reiter keine Zeit hat, sein Pferd zu bewegen. Dann ist eine Koppel ideal. Selbst die faulsten Pferde werden draußen munter – und wenn sie dann sogar noch in Gesellschaft sind und animiert werden, kann man davon ausgehen, dass sie sich bewegen und richtig Dampf ablassen.

Fütterung

Fütterung ist eine Wissenschaft für sich. Kein Reitsportmagazin kommt ohne den allmonatlichen Artikel zum Thema aus, der Buchhandel bietet eine ganze Reihe Bücher dazu an und auf Pferdemessen finden sich riesige Stände von Futtermittelherstellern, die für jedes Problem das einzig wahre Futter anpreisen. Doch daraus entspringt, dass Tierärzte heute immer wieder mit Erkrankungen konfrontiert werden, die auf falscher Ernährung oder Überfütterung beruhen – und dass sich beim Thema „Fütterung" immer wieder erweist, dass Pferde definitiv nicht über eine „Rossnatur" verfügen. Um ein Pferd richtig zu füttern, braucht man nicht nur Wissen über seine Physiologie und seinen Verdauungsapparat, sondern eine ganze Menge Erfahrung. Und bei Kraftfutter gilt in vielen Fällen: Weniger ist mehr.

Wie in alten Zeiten

Es gibt heute unzählige Angebote in Sachen Pferdekraftfutter, doch in der Praxis zeigt sich, dass die althergebrachte Methode der Haferfütterung immer noch eine ganze Menge für sich hat. Hafer enthält alles, was ein Pferd in Sachen Kraftfutter braucht; Hafer wird üblicherweise gut vertragen und: Pferde mögen Hafer.

Fünfmal klein

... ist besser als dreimal groß, wenn es um Pferdemahlzeiten geht. Pferde haben einen relativ kleinen Magen. In der Natur fressen sie den ganzen Tag eine Winzlingsportion nach der anderen. Die Fütterung im Stall sollte möglichst natürlich sein, also ebenso aus mehreren Portionen am Tag bestehen.

Abwechslung

... in die Fütterung bringen Karotten, Äpfel und trockenes Brot – wobei das Letztere mit Vorsicht zu genießen ist. Brot enthält nämlich Hefe und Zucker – beides im Übermaß ist für Pferde nicht gesund. Darum sollte trockenes Brot nur in kleinen Mengen gefüttert werden. Abwechslung bringen dann aber auch noch andere Dinge in den Speiseplan – wie zum Beispiel Rote Beete, Chikoree, Petersilie, Bananen und Mandarinen.

Ballaststoffe

Ein Pferd kann mit sehr wenig oder sogar ganz ohne Kraftfutter auskommen – vor allem, wenn es nicht im Training ist. Doch ohne Heu geht nichts. Heu, Heusilage oder Gras ist die Grundlage der Pferdefütterung. Allerdings gibt es mit dem Heu heute oft ein Problem. Die meisten Wiesen werden gedüngt, was dazu führt, dass das Gras viel Eiweiß und Fructan enthält. Für Pferde ist ein Übermaß an Eiweiß und Fructan jedoch pures Gift. Ihr Verdauungsapparat ist nicht darauf eingestellt. Zu viel davon kann zu Hufrehe führen.

Dementsprechend sollte man für Pferde ballaststoffreiches Heu von mageren Wiesen kaufen. Es sollte grün und staubfrei sein und würzig duften. Muffiges oder schimmeliges Heu ist für Pferde tabu.

Beschäftigung

Stellen Sie sich vor, Sie müssten 23 Stunden am Tag herumstehen und keiner würde Ihnen dabei irgendwelche Unterhaltung anbieten. Langweilig, nicht?
Pferden geht es ähnlich. In der Natur sind sie ausreichend mit Futtersuche, Kontakten zu ihren Artgenossen und Wachestehen beschäftigt. Langweilig wird ihnen dort bestimmt nicht. Und auch früher, im Umgang mit den Menschen, langweilten sich Pferde nicht. Sie arbeiteten den ganzen Tag auf dem Feld, sie zogen Kutschen, sie wurden über weite Strecken geritten.
Heute dagegen erleben die meisten Pferde viel zu wenig. Eine Stunde Reiten pro Tag ist erstens nicht genug und zweitens immer dasselbe. Wer sein Pferd mag, der bietet ihm mehr Beschäftigung und Abwechslung.

Pferdefußball

Wir haben es schon mehrfach erwähnt: Pferde haben einen ausgeprägten Spieltrieb. Und mit ihnen zu spielen, macht nicht nur ausgesprochen Spaß, sondern hat auch ein paar angenehme Nebeneffekte: Mensch und Pferd lernen sich besser kennen, erweitern ihre Vertrauensbasis und festigen ihre Bindung zueinander.

WUSSTEN SIE?

- Spieltrieb gilt Verhaltensforscher als Zeichen höherer Intelligenz.
- Spielen hält jung. Pferde, die Gelegenheit bekommen, sich spielerisch zu betätigen, sind erwiesenermaßen fitter und gesünder als Pferde, die sich dauernd nur langweilen.

Mit Spiel kann man „sauren“ Pferden die Bewegungsfreude zurückgeben, nervige Pferde beruhigen und verschlafene wecken. Was man mit Pferden spielen kann? Der Haflinger im Bild führt eine Möglichkeit vor: Ball. Ein großer Ball auf der Wiese, den man beschnüffeln, mit der Nase stupsen, vorwärts treten oder vom Menschen auf sich zurollen lassen kann, bietet jede Menge Abwechslung und Unterhaltung.

Futterspiele

Menschenkindern predigt man: „Spiel nicht mit dem Essen!" Für Pferde gilt das nicht. Futtersuche gehört zu ihrem normalen Verhaltensrepertoire – und warum sollte man das nicht für spielerische Betätigung ausnutzen? Sie daran zu gewöhnen, dass der Hafer nicht immer in der Krippe ist, sondern auch einmal in einem bunten Schüsselchen auf der Wiese, sorgt für Abwechslung.

Bodenarbeit

In den letzten Jahren hätte man manchmal meinen können, Bodenarbeit mit dem Pferd sei eine Erfindung der Westernreiter. Ist sie aber eindeutig nicht. Bodenarbeit – wie hier zum Beispiel über Stangen, um den Raumgriff zu verstärken und das Vorwärts-Abwärts zu trainieren – gehörte schon immer auch ins klassische Ausbildungsprogramm. Und je mehr man sich dabei einfallen lässt, desto besser fürs Pferd.

Reiten

Reiten, reiten, reiten ließ Rainer Maria Rilke seinen „Cornett" – und für den war es Notwendigkeit. Heute ist Reiten Freizeitbeschäftigung und soll dem gestressten Stadtmenschen Erholung bringen. Doch als pures „Wellness-Programm" für den Menschen sollte man Reiten nie betrachten. Zum Reiten gehört auch der Vierbeiner – und er sollte sich unter dem Sattel ebenso wohl fühlen wie der, der darauf sitzt. Voraussetzung dafür ist – ungeachtet des jeweiligen Reitstiles – die Ausbildung des Pferdes, die es ihm möglich macht, sich unter dem Reitergewicht auszubalancieren.

Englisch reiten

Der Unterschied zwischen Englisch- und Westernreiterei besteht nicht nur in der Ausstattung der Pferde, sondern vor allem darin, dass die Englisch-Reiter ihre Pferde in stetiger, leichter Anlehnung an den Zügel reiten, während die Westernreiter sich jeweils auf kurze Impulse am Zügel beschränken. Dahinter steckt aber in beiden Fällen, dass das Pferd in der Grundausbildung gelernt haben sollte, sich in Balance und Selbsthaltung zu bewegen und die Hinterhand so unter den Körper zu schieben, dass es damit verstärkt Gewicht aufnehmen kann.

Anlehnung? Ja, bitte!

Die Diskussion über „Anlehnung“ – der ständige Kontakt zwischen der Reiterhand und dem Maul des Pferdes via Zügel – gehört so zum Reitstall wie die Rossäpfel auf die Miste. Und immer wieder finden sich Reiter, die ihr Pferd „möglichst natürlich“ reiten wollen und der ganzen „Zuppelei“ am Zügel sehr skeptisch gegenüberstehen. So ehrenvoll ihr Anliegen sein mag, sie übersehen dabei einen wichtigen Punkt. Mutter Natur hat Pferde nicht dafür vorgesehen, mit einem Zig-Kilogramm-Rucksack herumzumarschieren. Reiten ist per definitionem „unnatürlich“ – und darum kann sich ein Pferd unter dem Reiter nicht „natürlich“ bewegen. In dem Moment, in dem man ihm Sattel und Reiter auf den Rücken packt, kommt es aus seiner natürlichen Balance. Die Aufgabe des Reiters ist es nun, dem Pferd wieder Balance zu ermöglichen – und dazu bedarf es eines kleinen „Umbaus“. Das Pferd muss lernen, die Vorhand, auf der der größte Teil des Reitergewichtes sitzt, zu entlasten, indem es mit der Hinterhand verstärkt Gewicht aufnimmt. Dazu muss es die Hinterhand unter den Körper schieben und die Hanken beugen. Das geht aber nur, wenn es die Rückenmuskulatur einsetzt – was wiederum ein Aufwölben des Halses voraussetzt, das nur bei Anlehnung an den Zügel erfolgen kann.

WUSSTEN SIE?

▸ Die Ursprünge der klassischen Reiterei reichen weit zurück. Die erste überlieferte Reitlehre, in der die Grundlagen dessen beschrieben wurden, was wir heute reiten, heißt „Peri hippikes“ und stammt vom griechischen Philosophen Xenophon um 400 v. Chr.

Ab ins Gelände!

Reiten macht fast immer Spaß, aber am schönsten ist es doch, mit dem Pferd durchs Gelände zu streifen. Und draußen werden selbst die faulsten Pferde munter! Sie genießen die Sonne im Fell und die Gelegenheit, einmal richtig durchzustarten. Voraussetzung fürs Geländereiten ist allerdings, dass Ross und Reiter die Grundschule absolviert haben. Das Pferd muss fähig sein, das Reitergewicht auszubalancieren und sich dem Reiter anzuvertrauen. Der Reiter unterdessen muss in der Lage sein, sein Pferd auch in einer schwierigen Situation im Griff zu behalten.

Im Doppelpack

Erfahrene Reiter dürfen sich durchaus ab und an alleine ins Gelände trauen, doch für einen größeren Ausritt sollte man Begleitung mitnehmen – und das nicht nur, weil es für die Reiter netter ist, sondern auch, weil sich Pferde mit einem Kumpel zusammen wohler und sicherer fühlen.

Wasser marsch!

Zu den größten Vergnügen, die man seinem Pferd im Sommer gönnen kann, gehört ein Bad. Wer in der Nähe eines Sees oder eines Baches ist, sollte sich und seinem Pferd an heißen Tagen die Freude gönnen, mal richtig plantschen zu dürfen. Und übrigens: Pferde können schwimmen!

Wandern zu Pferd

Auch wenn unsere Heimat reichlich zugebaut ist: Es gibt sogar bei uns noch Ecken, in denen man wunderbar und tagelang wanderreiten kann. Voraussetzung dafür sind allerdings eine ganze Menge Planung, Erfahrung im Gelände und auf Wanderritten sowie Training. Pferde, mit denen man auf einen Wanderritt gehen will, brauchen Kondition. Sie müssen daran gewöhnt sein, für Stunden im Gelände zu marschieren – und wenn man sie rechtzeitig dafür trainiert, außer dem Reiter auch noch die Packtaschen zu tragen, ist es bestimmt kein Schaden.

Voll geländegängig

Für ein gut trainiertes Pferd gibt es im Gelände praktisch nichts, wo es nicht durch- und weiterkommt. Das Einzige, was Pferde chancenlos macht, ist vereister Boden. Doch ansonsten ist alles nur eine Frage der Ausbildung, der Geduld und des Vertrauens. Cavaletti-Arbeit im Vorfeld ist eine gute Übung, bei der das Pferd lernt, seine Hufe gezielt zu setzen. Das kann später im Gelände von Nutzen sein: auf unwegsamem Untergrund, schmalen Pfaden oder bei herumliegenden Zweigen.

Angst und Überforderung

Wenn ein Pferd nicht mehr mit seinem Reiter kooperieren will, stecken fast immer Angst oder Überforderung dahinter. Und in manchen Fällen sogar beides – woraus resultiert, dass ein Pferd, das im Gelände scheut, verweigert, steigt oder durchgeht, keinesfalls bestraft werden sollte. Es hat doch einen Grund für das, was manche Reiter „Ungehorsam" nennen! Und wer sein Pferd nicht in die stumpfe Resignation treiben will, geht darum auf seine Ängste ein und sorgt dafür, dass es genug Selbstbewusstsein hat, sich in unbekannten Situationen nicht überfordert zu fühlen.

Scheuen

Manchen vierhufigen Gemütsathleten graut draußen so schnell vor nichts, andere sehen hinter jedem Busch gefährliche Kobolde. Wenn ein Pferd scheut, ist der Reiter gefragt – und für ihn wird es schwer, denn er muss gegen seinen „Instinkt" handeln. Anstatt das scheuende Pferd am Zügel festhalten zu wollen, muss er loslassen können – und dabei auch noch beruhigend mit seinem Pferd reden. Er muss ihm Vertrauen einflößen.

WUSSTEN SIE?

- In der Ruhe liegt die Kraft. Ein ängstliches Pferd beruhigt sich am schnellsten, wenn der Reiter gelassen bleibt.
- Sollten Sie selbst zu den ängstlichen Gemütern gehören, reiten Sie am besten in Begleitung eines erfahrenen Reiters mit einem ruhigen Pferd aus.
- Lassen Sie dem Pferd Zeit. Hat es Angst, sollte es sich in Ruhe nähern und das Schrecknis untersuchen dürfen, sofern es die Situation zulässt.

Rückwärts? Vorwärts!

Was immer beim Reiten schief geht: Es gibt fast keine Situation, in der Vorwärtsreiten nicht hilft. Bei der Meinungsverschiedenheit im Bild links geht nur noch vorwärts. Das Pferd hat den Kopf oben, um sich dem Zügel zu entziehen. Dabei gibt es dem Reiter keine Chance mehr, anders als vorwärts einzuwirken – und sich im Vorwärts wieder mit ihm zu einigen.

Aufwärts? Vorwärts!

Steigen gehört zu den Situationen, vor denen sich Reiter – zu Recht – am meisten fürchten.
Die Reiterin im Bild zeigt, wie man mit Steigen am besten umgeht: Auf keinen Fall „gegensitzen“ und am Zügel ziehen, sondern stattdessen dem Pferd um den Hals fallen. Und aus dem heraus versuchen, energisch nach vorne zu reiten.

Silke Behling

Pferde erziehen

Wie erziehe ich mein Pferd?

„Muss ich mein Pferd denn überhaupt erziehen?“ Diese Frage scheint berechtigt. Aber es gibt tatsächlich vieles, was Pferde lernen müssen, damit der Umgang mit ihnen Spaß macht und ungefährlich ist. Denn aufgrund ihrer Größe und ihrer Kraft können Pferde uns durchaus verletzen – und das, obwohl sie eigentlich friedlich und umgänglich sind.

Ein anderes Pferd darf durchaus einmal gezwickt werden, wenn es nicht zur Seite geht – für den Menschen wäre dies aber eine schmerzhafte Angelegenheit. Schon die niedlichen Fohlen sollten deshalb das Einmaleins des guten Benehmens lernen. Aber auch erwachsenen Pferden muss man oft noch zeigen, was der Mensch im Umgang mit ihnen erwartet.

Auf Tuchfühlung

Ein Pferd sollte sich jederzeit überall berühren lassen. Das hört sich einfach an, ist aber gar nicht so selbstverständlich. Es gibt schließlich etliche Stellen, an denen ein Pferd kitzelig sein kann und insbesondere Stuten neigen dann schon einmal zu Abwehrreaktionen. Sie sind deshalb nicht bösartig, aber wenn sie nicht gelernt haben Berührungen zu dulden, schlagen sie eventuell aus.

Auch an Stellen, die ihnen unangenehm sind, müssen Pferde sich anfassen lassen. Ein Tierarzt muss zur Kontrolle ins Maul schauen oder ins Auge sehen können, Wunden müssen versorgt werden.

Und der Mensch will noch mehr als nur Anfassen: Er befestigt Sattel und Trense oder auch einmal Gamaschen am Pferd.

Diese Dinge finden Pferde von Natur aus nicht angenehm. Aber sie lernen, dass sie zu ihrem Leben bei uns dazugehören.

Partnerschaft

Pferde sind uns Menschen gegenüber sehr aufgeschlossen. Sie versuchen uns zu verstehen und es uns recht zu machen. Schließlich sind sie kommunikative Wesen, die von Natur aus in Gruppen leben und sich auch mit ihren Herdenmitgliedern verständigen.
Pferde beziehen uns in ihr Sozialverhalten mit ein und müssen deshalb lernen, was uns von den Pferdefreunden unterscheidet. Sie dürfen uns nicht so zur Seite schubsen wie ein anderes Pferd, sie müssen auf unsere Lautsprache hören und sie müssen unsere Körpersprache verstehen.

Unterwegs

Zum Alltag von Mensch und Pferd gehört auch, dass man irgendwo hingeht: aus dem Stall auf die Weide oder in die Reithalle, in den Hänger, im Wald spazieren oder zum Turnierplatz.
Wenn es funktioniert, sieht das richtige Führen eines gut erzogenen Pferdes einfach aus. Aber es gehört eine ganze Menge dazu, ein Pferd gefahrlos an einen anderen Ort zu bringen. Das geht nur, wenn es einem wirklich respektvoll folgt und gelernt hat, stets gelassen zu bleiben. Klappt das Führen auch in schwierigen Situationen, dann hat man sein Pferd gut erzogen.

Basiswissen Pferd

Pferde reagieren häufig unerwartet und schnell, manchmal sogar hektisch – in unseren Augen. Aus Sicht der Pferde ist dieses Verhalten aber völlig normal: Als Fluchttiere suchen sie das Weite, sobald ihnen etwas gefährlich erscheint. Sie hüpfen zur Seite, rennen los und halten manchmal erst an, wenn sie in Sicherheit sind.

Pferde haben keine Hörner oder Reißzähne, mit denen sie sich gegen ihre natürlichen Feinde verteidigen könnten. Doch völlig wehrlos sind sie dennoch nicht: Mit ihren Hufen können sie im Notfall durchaus zutreten! Prinzipiell weichen sie einer Gefahr aber lieber aus, sei es durch einen beherzten Sprung zur Seite oder durch einen kurzen Sprint.

Nichts wie weg!

Pferde erschrecken leicht und fliehen vor Gefahr. Wenn ihnen etwas nicht geheuer ist, suchen sie lieber erst mal das Weite! Für Pferde, die auf der Koppel sind, ist dies auch kein Problem: Sie können wegrennen, wenn sie sich erschrecken. Aber wenn sich ein Pferd im Stall oder gar auf der Straße erschrickt, kann es gefährlich für Mensch und Tier werden! Möglicherweise springt das Pferd unkontrolliert auf die Straße oder tritt in der engen Stallgasse seinem Menschen auf den Fuß. Auch Hunde oder Kinder, die gerade im Weg stehen, geraten dann in Gefahr. Dabei meint das Pferd es nicht böse: Es denkt in solchen Momenten nicht nach, sondern handelt rein instinktiv. Gehen Sie deshalb immer möglichst vorausschauend mit Ihrem Pferd um.

Hilfe, Gespenster!

Manchmal rechnet man nicht damit, dass sich ein Pferd erschrecken könnte. Da reitet man mit ihm die gleiche Strecke wie schon oft und plötzlich springt es aufgeregt zur Seite, reißt die Augen auf und schnaubt beunruhigt. Was ist bloß passiert? Ach, auf dem Holzstapel am Wegesrand liegt neuerdings eine Plastikplane! Solche Dinge bemerken wir oft gar nicht, aber Pferde achten sehr genau auf Veränderungen in ihrer vertrauten Umgebung.
Deshalb sollte man immer selbst die Augen offen halten, um rechtzeitig zu erkennen, wovor sich ein Pferd erschrecken könnte. Ist man darauf gefasst, kann man entsprechend reagieren.

Ganz entspannt

So richtig entspannen kann sich ein Pferd nur, wenn es sich völlig sicher fühlt. Als Fluchttier ist es darauf angewiesen, die Umgebung ständig im Auge zu behalten. Aber wenn es sich wohlfühlt und weiß, dass ihm hier nichts passieren wird, dann kann ein Pferd auch in Ruhe dösen oder sogar im Liegen tief schlafen.

Lebensraum Steppe

Der ursprüngliche Lebensraum der Pferde ist die weite Steppe. Deshalb brauchen Pferde, wenn sie in unserer Obhut leben, viel Auslauf. Den ganzen Tag in einer geschlossenen Box zu stehen und keine Gelegenheit zu bekommen, frei zu laufen, entspricht nicht ihren Bedürfnissen.

Pferde brauchen Platz und die Möglichkeit, sich ausgiebig zu bewegen. Auf der Weide oder einem Auslauf fühlen sie sich deshalb am wohlsten. Am liebsten haben sie dabei Gesellschaft von einem oder mehreren anderen Pferden. Einzeln gehaltene Pferde sind einsam und unglücklich!

Lieblingsplatz Koppel

Die Weide ist der Aufenthaltsort, der dem natürlichen Lebensraum des Pferdes am nächsten kommt. Dort kann es mit seinen Pferdefreunden fressen, Mähne kraulen oder um die Wette laufen.
Die Gesellschaft von anderen Pferden ist für das Herdentier Pferd sehr wichtig. Ein einsames Pferd ist oft ängstlich oder verstört. Das liegt daran, dass ihm der Schutz der Herde fehlt.
Manche Boxenpferde entwickeln auch Verhaltensstörungen wie Koppen oder Weben.

Laufen, laufen, laufen!

Pferde brauchen Bewegung! Sie lieben es, gemütlich im Schritt über die Koppel zu bummeln oder im flotten Galopp über die Wiese zu rennen. Ihre Muskeln sind für diese ausdauernde Beanspruchung geschaffen, die sie deshalb auch möglichst täglich haben sollten.
Ein Pferd, das nicht genug Bewegung bekommt, wird unausgeglichen und zappelig. Ein artgerecht gehaltenes Pferd hingegen ist meist viel umgänglicher – sowohl beim Putzen als auch beim Reiten.

Das schmeckt Pferden

Ideal ist es, wenn Pferde auf einer Koppel laufen dürfen und dort grasen können. Da auf vielen unserer Koppeln heutzutage aber eine Menge Grassorten stehen, die zu viele Nährstoffe und zu wenig Rohfasern enthalten, lässt man Pferde häufig nur für eine begrenzte Zeit auf die Weide. Magen und Darm der Pferde sind aber darauf eingerichtet, regelmäßig etwas zum Verdauen zu bekommen. Deswegen gibt man Pferden, die nicht auf der Koppel sind, Heu oder Stroh zu knabbern.

Regelmäßige Mahlzeiten

Als Steppentiere waren die Pferde fast den ganzen Tag damit beschäftigt, sich langsam und stetig fortbewegend Nahrung zu suchen und zu fressen. Ihr Magen ist nicht besonders groß, deshalb fressen sie viele kleine Futterportionen.
Aus diesem Grund müssen Pferde immer mehrmals täglich gefüttert werden, im Idealfall vier- bis fünfmal täglich zu festen Zeiten. Zusätzlich zum Raufutter, das aus Heu und Stroh besteht, bekommen sie bei Bedarf auch Kraftfutter.

Die Menge des Futters richtet sich nach der Arbeit, die das Pferd leistet. Freizeitpferde brauchen in der Regel nur wenig Hafer, Gerste oder Müsli, ihr Energiebedarf wird durch Gras oder Heu ausreichend gedeckt.

Gemeinsam sind wir stark

Ein Pferd allein fühlt sich nicht wohl, erst in der Gemeinschaft ist es sicher. Als Fluchttier ist es darauf angewiesen, Feinde rechtzeitig zu erkennen. In einer Herde können Pferde abwechselnd nach Feinden Ausschau halten, was viel weniger Stress für den Einzelnen bedeutet.

Doch nicht nur zum Schutz vor Feinden benötigt jedes Pferd Freunde: Der Kamerad ist auch ein toller Spielgefährte, vertreibt einem die Fliegen aus dem Gesicht oder kennt die besten Futterstellen. Ein einzelnes Pferd hätte in Freiheit nicht lange überleben können.

Familienbande

Innerhalb der Herde gibt es eine feste Rangordnung: Die Leitstute bestimmt, wo die Herde frisst und wohin sie zieht. In der freien Natur gehört auch ein Hengst zur Herde, der seine Stuten gegen Angreifer verteidigt. Die jungen Hengste, die noch keine eigene Herde haben, leben gemeinsam mit anderen Junggesellen zusammen. Wenn Pferde fliehen, dann laufen in der Regel die ranghohen Stuten voraus.

WUSSTEN SIE?

- Fellpflege lässt sich am besten gemeinsam erledigen. Sich gegenseitig die Mähne zu kraulen, gehört zum Sozialverhalten der Pferde. Befreundete Pferde beknabbern sich dort, wo es den anderen besonders juckt und er sich selbst nicht kratzen kann. Gemeinsam lassen sich auch die lästigen Fliegen im Sommer viel besser vertreiben: Oft sieht man zwei Gefährten nebeneinander stehen, jeweils den Kopf auf Höhe des anderen Schweifes. So können sie sich gegenseitig die Mücken aus dem Gesicht verscheuchen.

Aufpasser

Zwar können Pferde sich auch im Stehen ausruhen, ab und zu müssen sie sich aber auch hinlegen und tief schlafen können. Damit ein Pferd in Ruhe schlafen kann, braucht es Freunde: Es legt sich nie die ganze Gruppe gleichzeitig hin, sondern ein oder zwei Pferde bleiben stehen und halten Wache. Ein Fohlen kann sich natürlich immer ausruhen, wenn es müde ist – es hat ja seine Mama, die aufpasst!
Ein dösendes Pferd steht meist auf drei Beinen, ein Hinterbein ist angewinkelt, die Hufspitze aufgesetzt (das nennt man „schildern“). Das Pferd hat die Augen fast geschlossen, manchmal hängt die Unterlippe locker herab. Bei einem dösenden Pferd stehen die Ohren leicht zur Seite, es ist völlig entspannt. Sprechen Sie ein dösendes Pferd immer an, wenn Sie sich ihm nähern, es erschrickt leicht.

He Kumpel!

Pferde spielen gern miteinander. Manchmal raufen sie oder veranstalten Rennspiele, bei denen sie fröhlich bockend über die Weide galoppieren.
Im Spiel trainieren Pferde auf diese Weise alles, was sie im Ernstfall brauchen würden, deshalb sieht man besonders häufig junge Pferde miteinander raufen.

Ganz Aug' und Ohr

Als Fluchttiere sind Pferde auf eine gute Rundumsicht angewiesen. Sie müssen ihre Feinde frühzeitig erkennen, um schnell genug fliehen zu können. Ihre Augen sind deshalb anders aufgebaut als unsere. Die seitliche Lage ermöglicht ein größeres Blickfeld.

Aber auch die anderen Sinne des Pferdes sind sehr gut ausgeprägt. Das Gehör und der Geruchssinn von Pferden sind wesentlich besser als bei uns Menschen. Pferde erkennen ihre Freunde unter anderem am Geruch wieder – sich zu beschnuppern gehört zum Begrüßungsritual.

Ich seh' dich!

Pferde können rund um sich herum gut sehen, nur das, was sich genau vor ihrer Nase oder direkt hinter ihnen befindet, erkennen sie erst, wenn sie den Kopf drehen. Wie scharf ein Pferd die Dinge sieht, hängt von der Entfernung ab. Aus diesem Grund weichen Pferde manchmal vor etwas zurück, das genau vor ihnen ist. Sie können es dann besser erkennen.
Durch die seitliche Anordnung der Augen hat jedes Pferdeauge sein eigenes Blickfeld. Die Informationen, die das Gehirn erhält, werden auch getrennt verarbeitet.

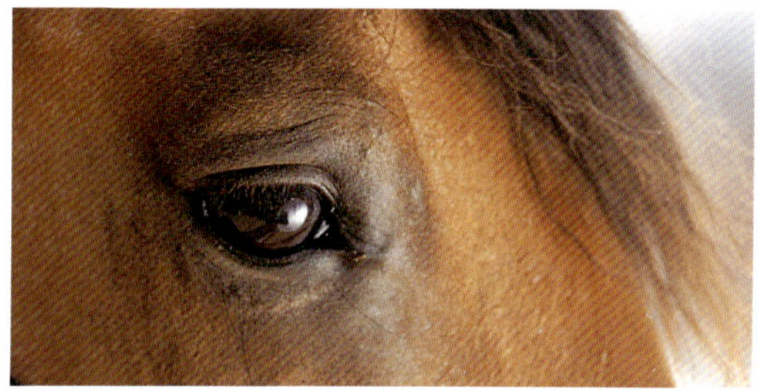

Alles im Blick

Mit ihren großen Augen können Pferde auch in der Dämmerung und in der Nacht sehr gut sehen. Im Gegensatz zu unserem menschlichen Auge hat das Pferd in der Netzhaut viel mehr lichtempfindliche Stäbchen, die wie ein Spiegel wirken und die einfallende Lichtmenge verdoppeln.
Pferde sehen zwar im Dunkeln recht gut, können dafür aber nicht alle Farben voneinander unterscheiden. Welche Farben sie wirklich erkennen, ist noch nicht völlig erforscht. Man vermutet, dass sie Rot, Gelb und Blau unterscheiden können.

Schalltrichter

Pferde hören sehr gut. Auf Stimmen und Geräusche reagieren sie viel früher als Menschen. Selbst beim Dösen oder Fressen nehmen Pferde interessante Geräusche sofort wahr. Sie erforschen diese Geräusche, indem sie den Kopf heben und die Ohren spitzen.
Die Ohren des Pferdes sind sehr beweglich. Es kann sie durch viele Muskeln unabhängig voneinander in fast alle Richtungen drehen. So kann genau lokalisiert werden, woher ein Geräusch kommt.
Die Ohrmuscheln sind deshalb immer in die Richtung gedreht, aus der etwas zu hören ist, ganz gleich, ob das vor, neben oder hinter dem Pferd ist. Es dreht meistens den Kopf oder sogar den gesamten Körper in Richtung der Geräuschquelle, um sich etwas Spannendes genau anzusehen.

WUSSTEN SIE?

- Pferde haben ein gutes Gehör und können damit auch Stimmen und Wörter unterscheiden. Das können wir nutzen, um uns den Umgang mit Pferden zu erleichtern. Wir können verschiedene Kommandos trainieren: „Komm!“, „Steh!“ oder „Huf“ kennt sicher fast jedes Pferd. Aber auch beim Reiten oder bei der Arbeit an der Longe helfen Worte, sich mit dem Pferd besser zu verständigen. Viele Schulpferde galoppieren an, wenn der Reitlehrer „Galopp“ sagt, ohne dass der Reiter andere Hilfen gibt.
Die Stimme kann man auch einsetzen, um aufgeregte Pferde zu beruhigen oder faule Pferde aufzumuntern.

Neugier

Pferde sind sehr neugierig. Selbst wenn sie vor etwas Unbekanntem fliehen, bleiben sie doch oft nach wenigen Metern wieder stehen und drehen sich um, um den unbekannten Gegenstand anschließend zu beschnuppern.
Im Alltag mit uns Menschen müssen Pferde lernen, nicht vor jeder vermeintlichen Gefahr zu erschrecken. Wir können ihre angeborene Neugier nutzen, um sie mit vielen verschiedenen Dingen vertraut zu machen. Je mehr Pferde sehen und erleben, desto eher bleiben sie auch bei neuen „Gefahren" ruhig.
Allerdings ist die Fluchttendenz auch ein wenig rasseabhängig: Sensible Vollblüter neigen eher zu spontaner Flucht als gemütliche Kaltblüter.

Anschauungsunterricht

Alles, was Pferde nicht kennen, müssen sie in Ruhe betrachten. Dabei legen sie oft den Kopf ein wenig schief, weil sie das, was genau vor ihnen ist, nicht scharf sehen. Wenn sie sich alles angeschaut haben, dann verliert auch der unbekannte Pferdehänger schnell seinen Schrecken. Schließlich sind Pferde so neugierig, dass sie sich leicht überreden lassen, alles genau in Augenschein zu nehmen.

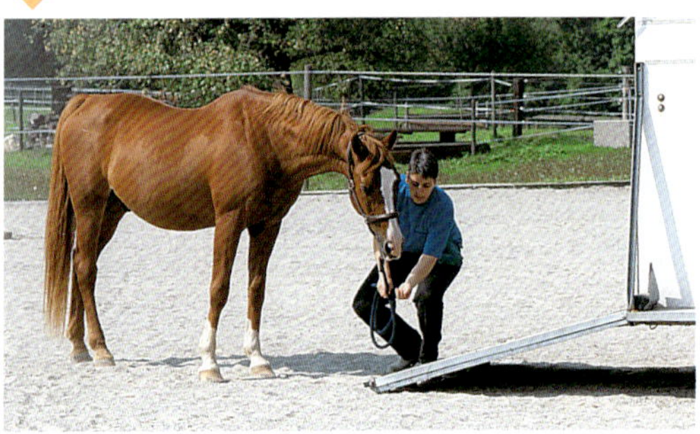

Das große Flattern

Das ist eine einfache und gute Übung, um das Vertrauen zwischen Mensch und Pferd zu stärken: Um das Hindurchgehen durch die Flatterbänder oder den Windschutz zu üben, hängt man den Vorhang erst einmal so auf, dass das Pferd hindurchsehen kann. Ein schmaler Durchguck, in dem keine Bänder hängen, genügt meist schon, damit sich das Pferd hindurch traut, weil es dann sieht, was auf der anderen Seite ist.

Keine Panik!

Ein Pferd, das vor etwas Unbekanntem zunächst davonrennt, reagiert ganz natürlich und seinen Instinkten entsprechend. In solchen Momenten darf man nicht wütend werden und mit dem Pferd schimpfen, sondern sollte besser ganz ruhig auf das furchterregende Ding zugehen oder -reiten und das Pferd ausgiebig schauen lassen. Dann beruhigt es sich meist sehr schnell.

Neu und aufregend

Pferde können lernen, dass es Dinge gibt, die für sie vielleicht ungewöhnlich, aber trotzdem nicht gefährlich sind.
Am besten übt man dies auf einem eingezäunten Reitplatz. Dort legt man unterschiedliche Dinge aus: Autoreifen, Plastikplanen, flatternde Absperrbänder usw.
Beim ersten Mal reicht es, wenn man mit einem dieser Gegenstände übt.
Mit Ruhe und Geduld nähert man sich dem unbekannten Objekt und zeigt es dem Pferd. Reicht dessen Neugier nicht aus, um das seltsame Ding aus der Nähe zu betrachten, kann man es auch mal mit einem Leckerbissen bestechen. So gewöhnen sich Pferde an ungewohnte Situationen. Sie entwickeln Vertrauen und reagieren auch gelassener, wenn ihnen später beim Ausritt etwas Außergewöhnliches begegnet.

Lebensraum Box

Der überwiegende Teil der Reitpferde wird in Einzelboxen gehalten. Das ist vielleicht praktisch, da man jedes Pferd dort individuell füttern kann und es immer greifbar ist. Aber ganz alleine und eingesperrt zu sein, entspricht überhaupt nicht den Bedürfnissen unserer Pferde.

Deshalb ist es wichtig, dass Pferde nicht hinter hohen Wänden stehen, sondern dass sie ihre Nachbarn wenigstens sehen und sie beschnuppern können. Außerdem müssen sie mit Artgenossen spielen und rennen können. Sie nur zum Reiten aus der Box zu holen, das genügt nicht.

Immer schön langsam

Führt man Pferde aus der Stallgasse nach draußen, sind sie oft sehr ungestüm. Man muss deshalb immer darauf achten, dass man das Pferd wirklich korrekt führt: Den Strick oder die Zügel sollte man in der rechten Hand halten (nie um die Hand oder einzelne Finger gewickelt!), und man tritt vor dem Pferd durch das Tor.
Die beste Kontrolle hat man, wenn man vor der Schulter des Pferdes geht, sodass es nicht nach vorne oder zur Seite wegspringen kann.

WUSSTEN SIE?

▸ Eine Box muss der Körpergröße des Pferdes angemessen sein. Als Grundregel gilt dabei folgende Formel: (2 x Widerristhöhe)².
Geschlossene Boxen gibt es auch mit einem Auslauf davor, das sind dann sogenannte Paddockboxen. Diese Paddocks sind mit einer festen Umzäunung versehen und mindestens so groß wie die Boxen selber. Sie ermöglichen den Pferden, an die frische Luft zu kommen, andere Pferden zu sehen, zu beschnuppern und sich ein wenig umzuschauen.
Da aber Paddocks zu klein sind, um sich richtig auszutoben, müssen auch Pferde, die in Paddockboxen leben, zusätzlich täglichen Auslauf haben. Dennoch sind Paddockboxen artgerechter als kleine, geschlossene Boxen.

Ausblick

Eine Box muss nicht zwangsläufig vergittert sein. Pferde fühlen sich wohler und sind meist auch viel ausgeglichener, wenn sie hinausschauen können und sehen, was um sie herum geschieht. Eine halbhohe Tür bietet ihnen diese Möglichkeit. Das beugt auch Langeweile vor!

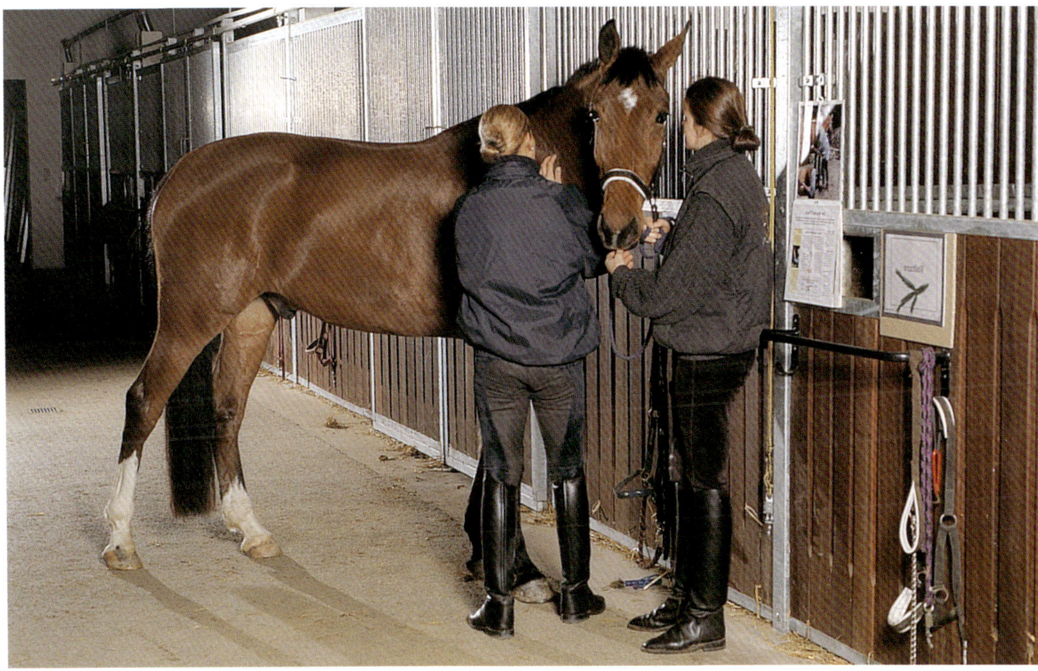

Platzbedarf

Eine Stallgasse muss immer so breit sein, dass zwei Pferde gut aneinander vorbeigehen können. Der Boden sollte rutschfest sein. Wenn die Boxen durch Gitter getrennt sind, dürfen diese Gitter nur so breit sein, dass kein Pferdehuf hindurchpasst.
Sind diese Voraussetzungen gegeben, lassen sich viele Unfälle vermeiden.

In der Herde

Da für das Herdentier Pferd Sozialkontakt und Bewegungsmöglichkeiten sehr wichtig sind, kommen Offenställe einer artgerechten Haltung am nächsten. In einem Offenstall können die Pferde selbst wählen, ob sie sich im Auslauf oder im Stallgebäude aufhalten wollen.

Damit ein Offenstall tatsächlich artgerecht ist, darf die Pferdegruppe aber nicht zu groß sein, sonst gibt es zu viele Rangeleien und die Pferde sind gestresst. Der Platz im Stall muss für alle ausreichen, und es muss genügend Möglichkeiten geben, dem Herdenchef aus dem Weg zu gehen.

Freundeskreis

Pferde fühlen sich in kleinen Gruppen am wohlsten. Vier bis sechs Pferde können sich meist problemlos einen Offenstall und einen Auslauf teilen. Größere Gruppen brauchen sehr viel Platz! Idealerweise stehen auf dem Auslauf ein paar Bäume, damit sich die Pferde bei großer Hitze auch in den Schatten stellen können.

Wer bist du?

Fohlen brauchen ebenfalls Gesellschaft. Es ist wichtig, dass sie außer ihrer Mutter auch noch andere Pferde kennenlernen. Um einem fremden Pferd zu signalisieren, dass sie noch ganz klein und lieb sind, kauen sie mit dem Maul. Das erwachsene Pferd akzeptiert diese Geste und reagiert darauf meist nachsichtig.
Fohlen sollten ruhig mit Pferden unterschiedlichen Alters aufwachsen, nur so können sie ein richtiges Sozialverhalten lernen und werden später zu umgänglichen Freizeitpartnern für den Menschen.

Miteinander

Am schönsten ist es für eine Pferdeherde immer noch auf einer Koppel: Hier können alte und junge Pferde gemeinsam laufen und sich bewegen, wie sie möchten.
Die braune Stute links führt die Gruppe an, sie ist schon über zwanzig Jahre alt und die Leitstute der Herde. Der einzige Wallach der Gruppe, der Araber, läuft hinter den Stuten her.
Damit verhalten sich diese Pferde wie eine Gruppe in freier Natur. Die erfahrenste Stute sucht das Futter und der „Hengst" sichert die Gruppe.

WUSSTEN SIE?

- Auch in der Natur leben Pferde in kleinen Gruppen: Vier bis fünf Stuten und ein Hengst gehören meistens zusammen. Die Fohlen bleiben bei ihren Familien. Wenn sie alt genug sind, werden die jungen Hengste aber vertrieben und leben dann in sogenannten Junggesellengruppen, bis sie selber eine eigene Herde gründen.

Kommunikation

Wer mit Pferden richtig umgehen und sie erziehen will, muss ihr Verhalten kennen und verstehen. Dazu sollte man wissen, wie sie ihre Umwelt wahrnehmen und wie sie sich verständigen. Auch das Wissen um ihren Fluchtinstinkt und die Interpretation ihrer Körpersprache gehören dazu.

Pferde zu verstehen bedeutet für uns sozusagen eine Fremdsprache zu erlernen, die – ganz anders als unsere Sprache – auf oft sehr feinen Signalen beruht. Darin sind Pferde übrigens den Hunden ähnlich, die sich ebenfalls häufiger durch ihre Körpersprache als durch Laute miteinander verständigen.

Chefposition

Es gibt eine Reihe von Trainern, die bei ihren Trainings- und Ausbildungsmethoden auf Körpersprache setzen. Sie arbeiten mit den Pferden häufig in eingezäunten Round Pens und nutzen natürliche Verhaltensweisen und die Bereitschaft des Pferdes, sich unterzuordnen.

Bei solch einem Training wird das Pferd so lange vorwärts geschickt, bis es nicht mehr flieht, sondern sich freiwillig zum Trainer hinwendet, ihm folgt und ihn somit als Leittier akzeptiert.

Diese Art der Arbeit ist aber nicht unbedingt zum Nachmachen geeignet. Man muss die Signale, die das Pferd aussendet, richtig deuten können und die eigene Körpersprache gut im Griff haben. Wer hier Fehler macht, kann sein Pferd nachhaltig erschrecken und es sehr verunsichern.

Fluchttier

Um Pferde zu verstehen und sie richtig zu erziehen, muss man lernen, warum sie viel Bewegung brauchen und warum sie beispielsweise bei Gefahr fliehen und auf uns Menschen deshalb oft so schreckhaft wirken. Weiß man um diese Dinge und stimmt das Verhältnis zwischen Pferd und Mensch, lassen sich etliche Gefahrensituationen entschärfen.

Klartext

Schau mir in die Augen: So ein freundliches Pony ist das ideale Pferd, um uns viel beizubringen. Es ist klug und geduldig mit uns Menschen!
Aber es erwartet wie alle Pferde eindeutige Signale von uns, wenn wir etwas von ihm wollen. Schließlich kann auch das schlaueste Pony keine Gedanken lesen. Es lernt uns zu verstehen, wenn wir deutliche Signale geben: klare einfache Befehle, die wir mit einer eindeutigen Stimmlage und Körpersprache unterstützen.
„Bitte, nun geh doch endlich einmal ein Stückchen zur Seite …“ – diesen Satz wird kein noch so liebes Pferd befolgen. Wenn wir uns aber vor das Pferd stellen und es mit Hilfe eindeutiger Körpersignale zurückschicken, weiß es viel schneller, was wir von ihm wollen.

Mit Pferden sprechen

Pferde „sprechen" nicht viel, sie wiehern sogar eher selten. Die Verständigung läuft – ganz im Gegensatz zu uns Menschen – weniger über die Lautsprache, sondern viel mehr über die Körpersprache.
Pferde sind aber auch sehr sozial und können gut hören. Sie lernen, unsere Sprache und vor allem unseren Tonfall zu verstehen und wissen oft, was wir von ihnen wollen. So begreifen zum Beispiel schon Fohlen, was es heißt, wenn der Mensch „Huf" sagt – und heben brav einen Fuß. Oder sie gehen rückwärts, wenn wir „zurück" sagen. Die Voraussetzung dafür ist aber, dass wir ihnen mit viel Ruhe und Geduld beigebracht haben, was wir von ihnen wollen: Von Geburt an verstehen Pferde unsere Sprache nämlich nicht!

Ich versteh' dich

Pferde sind aufmerksame Zuhörer und bemühen sich in der Regel auch, uns zu verstehen.
Sie lernen, dass unsere Stimme Gefühle vermittelt und lobt oder tadelt, wenn das Pferd aus unserer Sicht etwas richtig oder falsch gemacht hat.
Wer mit seinem Pferd spricht, muss immer daran denken, dass es erst begreifen muss, was wir ihm sagen. Pferde können durchaus lernen, einzelne Worte, Kommandos oder unseren Tonfall zu verstehen. Aber zunächst einmal ist ihnen das, was wir sagen, völlig fremd. Wie schnell Pferde lernen, erkennt man häufig bei Schulpferden. Wer hat nicht schon einmal erlebt, dass das erfahrene Schulpferd auf das Kommando „Abteilung im Arbeitstempo Trab" wie von selbst angetrabt ist?

Brav!

Loben Sie Ihr Pferd, wenn es etwas richtig macht und beispielsweise brav anhält oder ruhig stehen bleibt.
Die meisten Pferde haben gelernt, dass ein freundliches Wort bedeutet, dass wir mit seinem Verhalten zufrieden sind. Aber reden Sie bitte nicht ununterbrochen auf Ihr Pferd ein. Ganze Sätze kann es nämlich nicht verstehen.

Ohne Worte

Mit Pferden kann man sich auch lautlos verständigen. Schauen Sie Ihr Pferd an und beobachten Sie, was es tut. Schaut es neugierig und interessiert? Oder fürchtet es sich gerade?
Streicheln sie es sanft, wenn Sie es beruhigen wollen. Wenn Sie es gelernt haben, können Sie auch eine sanfte Ohrmassage durchführen. Am Ohr befinden sich Druckpunkte, deren Berührung entspannt.

WUSSTEN SIE?

▸ Pferde hören nicht nur unsere Worte, sie „lesen" auch unsere Körperhaltung: Wer sich klein und ängstlich an ein Pferd heranschleicht, vermittelt keinen Respekt! Und wer hoch erhobenen Hauptes direkt auf ein Pferd zuschreitet, der kann damit rechnen, dass es ihm ausweicht. Wenn jemand so ranghoch wirkt, muss das Pferd instinktgeleitet zur Seite treten.

Ohrenzeichen

Pferde haben ein sehr gutes Gehör, das sogar bis in den Ultraschallbereich reicht. Ihre Tütenohren können unabhängig voneinander in die Richtung des Schalls gedreht werden.
Die Stellung der Ohren sagt aber auch sehr viel über die Stimmung des Pferdes aus.

Nach vorne gestellte, gespitzte Ohren signalisieren Neugier und Aufmerksamkeit, nach hinten gelegte Ohren deuten eher auf Ablehnung hin.
Die Ohren zeigen aber auch an, ob das Pferd entspannt ist oder sich unter dem Reiter auf eine Aufgabe konzentriert.

Spannung

An den Ohren kann man gut erkennen, worauf sich ein Pferd konzentriert. Dieser Haflinger zum Beispiel ist extrem aufmerksam. Völlig gebannt schaut er nach vorne. Was er dort wohl hört?
Auch die Ohren sind nach vorne gerichtet. Das Pferd hat sogar vergessen zu kauen – da muss es etwas wahrlich Spannendes zu beobachten geben. Seien Sie deshalb darauf gefasst, dass das Pferd einen Satz zur Seite oder auf dem Absatz kehrt macht.

WUSSTEN SIE?

- Experimente haben ergeben, dass Pferde Musik mögen. Sie sollen aber ausgesprochen wählerisch sein und beruhigende Instrumentalmusik bevorzugen. Rockmusik scheint Pferden eher nicht so gut zu gefallen. Man sagt auch, dass Pferde rhythmische Geräusche und unterschiedliche Schritte unterscheiden können. Sie erkennen ihre Besitzer oft schon am Schritt – oder das Auto am Motorengeräusch, noch bevor es den Stall erreicht.

Geh weg!

Bleib mir bloß vom Leib!
Dieser Fuchs möchte nicht, dass man ihm näher kommt. Zu einem Pferd, das so deutlich mit angelegten Ohren droht, sollte man tatsächlich besser Abstand halten! Rechnen Sie damit, dass es möglicherweise beißt oder ausschlägt.

Beruhigend

Bei diesem Schimmel zeigen die Ohren zur Seite. Er wirkt sehr entspannt und genießt die Berührung durch seine Reiterin.
Weil er ihr vertraut, sind seine Ohren auch nicht auf „Hab Acht-Stellung". Er braucht die Umgebung nicht zu sichern, sein Mensch vermittelt ihm: „Es ist alles in bester Ordnung."
Pferde übermitteln einen Großteil ihrer Stimmungen mithilfe der Ohren. Seitlich stehende Ohren, wie hier, können zeigen, dass das Pferd döst. Unter dem Reiter signalisieren sie dagegen, dass das Pferd sich konzentriert.
Nach hinten gerichtete Ohren können sich auf ein Geräusch beziehen, aber in der Regel bedeuten sie Abwehr.
Und wenn die Ohren fast nicht mehr zu sehen sind und das Pferd schon die Zähne zeigt, dann ist es wirklich bereit, gleich zuzubeißen.

Lautäußerungen

Pferde äußern sich viel weniger über Laute als wir Menschen. Aber auch wenn sie nicht allzu oft wiehern, so gibt es doch ein ganzes Repertoire an verschiedenen Rufen: Wenn eine Stute ihr Fohlen ruft, klingt das ganz anders, als wenn sie ihren Reiter mit einem freundlichen Brummeln begrüßt.

Es gibt noch eine Menge anderer Laute, die nichts mit dem Wiehern zu tun haben: aufgeregtes Schnauben, Quieken usw. Wenn sie sehr große Schmerzen haben, stöhnen Pferde sogar, und in ganz extremen Fällen können sie vor Schmerzen regelrecht schreien.

Hallo

Lautäußerungen von Pferden werden durch die Körpersprache unterstützt. Die nach vorn gespitzten Ohren drücken bei diesem Pferd freundliche Neugier aus, es begrüßt ein bekanntes Pferd oder auch einen menschlichen Freund.

WUSSTEN SIE?

- Zur Lautsprache von Pferden gehört nicht nur das Wiehern. Typisch ist auch das erregte Schnauben in ungewohnter Umgebung, wie es zum Beispiel Araber oft zeigen, oder das entspannte Prusten, wenn ein Pferd nach einer Anstrengung oder nach der Aufwärmarbeit unter dem Reiter abschnaubt. Auch das ablehnende Quieken von Stuten ist eine pferdetypische Lautäußerung.

Mama, wo bist du?

Fohlen, die ihre Mutter verloren haben, rufen laut nach ihr. Auch die Stuten wiehern hell nach ihrem Fohlen, wenn die beiden getrennt sind. Das hat natürlich praktische Gründe: Stute und Fohlen erkennen sich am Wiehern, und so finden die Kleinen meist schnell zu ihrer Mutter zurück.

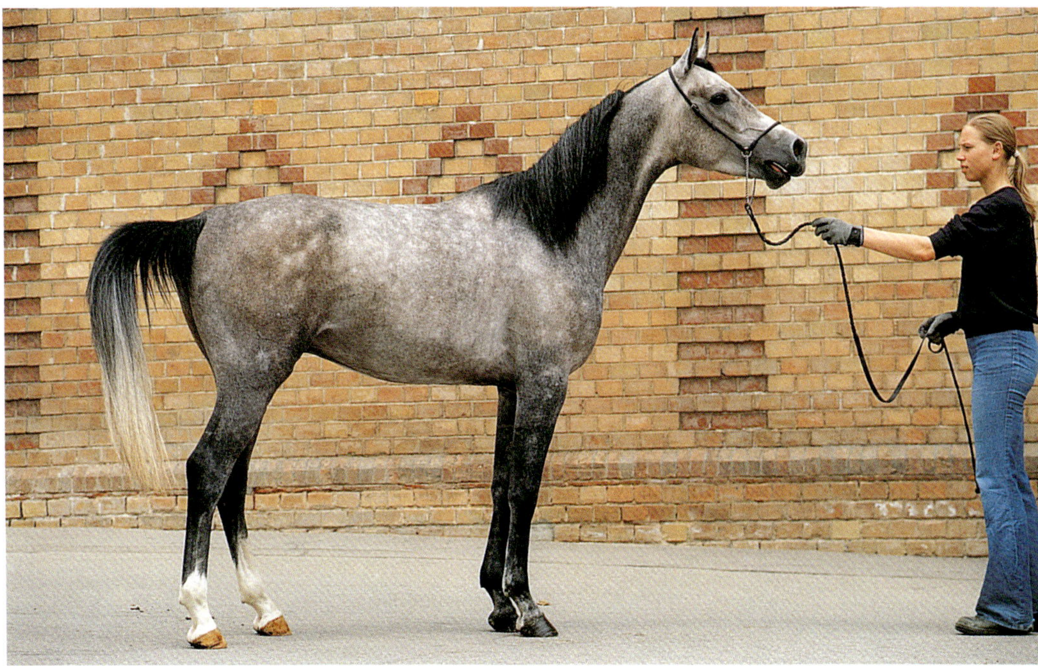

Hier bin ich!

Hengste wiehern viel häufiger als Wallache und Stuten. Sie sind sehr mitteilungsbedürftig, schließlich müssen sie allen potentiellen Konkurrenten und Stuten in der Umgebung kundtun, dass sie da sind!
Wenn eine Stute in der Nähe ist, geraten manche Hengste richtig außer Rand und Band und wiehern fast ununterbrochen.

Körpersprache

Bei Pferden zeigt der ganze Körper, was sie mitteilen wollen. So kann ein hoch aufgereckter Kopf und ein gewölbter Hals Aufmerksamkeit ausdrücken, erhabene Tritte zeigen Stolz und sollen imponieren. Ein Pferd, das den Kopf senkt und zurückweicht, zeigt sich dagegen seinem Gegenüber unterlegen.

Das Verständnis dieser Körpersignale ist die Grundlage für die Kommunikation der Pferde untereinander und mit dem Menschen. Nur wenn ich sehe, ob mein Pferd aufgeregt oder ängstlich ist, kann ich richtig reagieren und entsprechend auf das Pferd einwirken. Deswegen ist diese Kenntnis unentbehrlich für jede Erziehung.

Ach du Schreck!

Dieses Pferd weicht zur Seite aus, weil es mit dem Wasserstrahl nicht gerechnet hat. Es flieht aber nicht, weil es Wasser bereits kennt. An der entspannten Körperhaltung und dem Ohrenspiel sieht man, dass es nicht wirklich beunruhigt ist. Ein freundliches Wort von seiner Besitzerin genügt und es wird brav stehen bleiben.

WUSSTEN SIE?

- Auch durch die Schweifhaltung drückt ein Pferd Gefühle aus: Zufriedenheit wird durch einen ruhig getragenen Schweif, Unwohlsein oder Ängstlichkeit durch heftiges Schweifschlagen oder einen eingeklemmten Schweif signalisiert. Der hoch getragene Schweif wirkt imponierend – ihn sieht man meist zusammen mit stolzen, kadenzierten Trabtritten und einem hoch erhobenen Kopf. Drückt ein Pferd starkes Unwohlsein aus, ist es möglicherweise krank und sollte zum Tierarzt.

Ich bin ein Champion

Dieses Pferd ist stolz und übermütig. Kraftvoll galoppiert es, mit imponierend gebogenem Hals: „Seht, wie schön ich bin!"
Wer würde hier nicht beeindruckt sein? Pferde imponieren anderen Pferden, um ihre Kraft und Größe zu demonstrieren – und um damit möglichst auch ohne Kampf zum Sieger zu werden.
Ein Pferd, das mit hoch erhobenem Kopf neben Ihnen her tänzelt, nimmt Sie nicht ernst und sollte besser erzogen werden. Bodenarbeit mit Übungen, in denen es rückwärts oder seitwärts weichen muss, wären ein gutes Training.

Verzieh dich!

Der Schimmel zeigt seinem Artgenossen deutlich: Ich will, dass du gehst! Er hat keineswegs vor zu weichen, denn er ist ranghöher. Daher droht er, ohne selbst auch nur einen Schritt zur Seite zu gehen. Auf diese Weise macht er unmissverständlich klar, dass er diese Stelle und dieses Futter für sich beansprucht. Das zweite Pferd wird ausweichen.
Zwischen Pferden ist dieses Verhalten ganz normal. Ein gut erzogenes Pferd sollte einen Menschen aber niemals bedrohen. Als Mensch muss man immer ranghöher sein – schon aus Gründen der Sicherheit!

Erziehungs-Basics

Ein ungezogenes Pferd kann unter Umständen für den Menschen gefährlich werden. Wenn es nie gelernt hat, nicht nach Menschen zu schlagen oder sie zu beißen, hat es keinen Respekt. Ein solches Pferd ist natürlich nicht nur beim Reiten, sondern auch im normalen Umgang äußerst unangenehm und es macht viel Mühe, wenn es noch gelingen soll, ihm Manieren beizubringen.
Auch für den Tierarzt ist es sehr schwer, einem unerzogenen Pferd im Notfall zu helfen. Gerade in Stresssituationen werden solche Pferd dann besonders schwierig, und es kann fast unmöglich sein, lebensrettende Maßnahmen durchzuführen.

WUSSTEN SIE?

▸ Pferdeerziehung beginnt in jungen Jahren. Fohlen können schon in den ersten Lebenstagen lernen, sich überall vom Menschen berühren zu lassen. Ab der zweiten Lebenswoche bringt man ihnen vorsichtig bei, die Hufe zu geben. Auch an das Halfter gewöhnt man Fohlen möglichst früh. Natürlich geschieht dies alles mit viel Geduld und Einfühlungsvermögen.
Man sollte schon bei Fohlen auf einen konsequenten Umgang achten – auch wenn die Kleinen so niedlich sind.

Freundschaft

Mit einem gut erzogenen Pferd beschäftigt sich jeder gern. Ein harmonischer Umgang macht einfach Spaß! Dass diese zwei sich gut verstehen, das sieht man. Die Reiterin kennt ihr Pferd sicher seit vielen Jahren und weiß, dass sie ihm vertrauen kann.

Hab keine Angst!

Ein junges Pferd sollte die Gegenstände des Alltags in Ruhe kennen lernen dürfen. Das bedeutet, dass man ihm zum Beispiel neue Ausrüstungsbestandteile ruhig zeigt und es daran schnuppern darf. Mit einer Gerte kann man das Pferd spielerisch und vorsichtig abstreichen, damit es lernt, keine Angst vor ihr zu haben. Dabei sollte man mit dem Pferd sprechen und es loben.

Wohlerzogen

Ein gut erzogenes Pferd verhält sich auch in fremder Umgebung ruhig. Man kann mit ihm beispielsweise auf einem Turnier grasen gehen, ohne dass es aufgeregt herumzappelt oder ununterbrochen nach seiner Herde wiehert.
Auch im Frühjahr ist es praktisch, wenn ein Pferd sich beim Grasen gut benimmt. So kann man es an der Hand langsam an das frische Grün gewöhnen, ehe es wieder für längere Zeit auf die Weide darf.
Ein gut erzogenes Pferd lässt sich aber auch in der Tierklinik ausladen und untersuchen, ohne besonders unruhig zu sein.
Wenn das Pferd erst einmal gelernt hat, dass es seinem Besitzer vertrauen kann, kann er es fast überall hin mitnehmen: auch auf einen Ausflug zum nächsten Landgasthof!

Wie Pferde lernen

Wie wir Menschen auch, lernen Pferde durch Beschäftigung mit etwas Neuem und durch Wiederholungen. Das Pferd lernt, weil es gemerkt hat, dass dieses oder jenes besser funktioniert als die bisherige Strategie, das nennt man „Lernen durch Einsicht". Wichtig ist, dass man nicht endlos lange dasselbe übt. Dann erlahmt die Konzentration des Pferdes, es wird müde und macht Fehler. Besser sind kurze Übungseinheiten – und bitte immer aufhören, wenn es gut klappt!

Abwechslung

Zum Lernen gehört Erfahrung! Nur wer seinem Pferd die Möglichkeit gibt, mal etwas anderes zu sehen als den heimischen Stall, wird ein mutiges Pferd bekommen. Warum also nicht mal mit dem Pferd joggen gehen?

Nachahmung

Vor Wasser haben viele Pferde Angst. Es ist ihnen unheimlich, wenn sie nicht bis auf den Grund sehen können, manche haben aber auch eine generelle Abneigung gegen Wasser.

Pferde lernen durch Nachahmung. Wenn ein anderes Pferd ihnen zeigt, das von etwas Neuem keine Gefahr ausgeht, folgen sie gern. Dieses Verhalten kann man sich auch in vielen anderen Situationen zunutze machen: Lassen Sie ein erfahrenes Pferd vorausgehen.

WUSSTEN SIE?

▸ Pferde lernen, um ihr Leben zu optimieren, sie machen niemals etwas, um andere gezielt zu ärgern. Das gilt auch für die Momente beim Reiten, bei denen man denkt, das Pferd würde dieses oder jenes nur machen, weil es uns nicht ernst nimmt. Weit gefehlt! Das Pferd kann vielleicht aus körperlichen Gründen nicht anders handeln oder es hat uns falsch verstanden. Und wer hat dann wohl den Fehler gemacht?

Aufmunterung

Landwirtschaftliche Geräte können wirklich schrecklich aussehen! Sie sind laut, sehr groß und womöglich bewegen sie sich auch noch. Pferde fürchten sich häufig davor. Aber wenn sie sich das seltsame Gefährt in Ruhe ansehen können, dann lernen sie schnell, dass so ein Traktor oder ein Anhänger gar nicht gefährlich ist. Beruhigende Worte und ein gelassener Reiter ermutigen das Pferd. Hat man im Laufe der Zeit einige solcher Situationen gemeinsam gemeistert, stärkt das das Vertrauen.

Wiederholung

Hängerfahren fällt einigen Pferden ausgesprochen schwer und ist ein häufiges Problem für Pferd und Reiter. Dabei hat es auch sehr viel mit Routine zu tun: Das erste Mal in diesen großen Kasten zu gehen, das ist schon seltsam. Aber auch hier hilft ein erfahrenes Pferd, das schon im Hänger steht, dem Neuling über seine Angst hinweg. Auch an das Fahren selbst muss sich ein Pferd erst gewöhnen. Das komische Schaukeln im Hänger ist nämlich eine ungewohnte Erfahrung.

Pferde motivieren

Jeden Tag das Gleiche, immer dieselben Runden drehen oder wieder und wieder eine Dressurlektion üben – motivierend ist das wirklich nicht! Zur Motivation gehört für Pferd und Mensch Abwechslung! Wir wollen ja auch nicht jeden Tag die gleichen Übungen reiten oder immer die gleichen Fernsehfilme sehen.

Wenn man beginnt, sich zu langweilen, wird man unkonzentriert – und lernt nichts mehr. Das gilt für Pferde ebenso wie für uns. Deshalb ist eine unserer wichtigsten Aufgaben bei der Gestaltung der Pferdeausbildung das Schaffen von neuen Anreizen. Zeigen Sie Ihrem Pferd etwas Neues und fördern Sie so seine Intelligenz.

Tapetenwechsel

Raus ins Gelände: Das motiviert ein Pferd oft ungemein! Pferde, die in der Bahn unkonzentriert sind und keine rechte Lust mehr haben zu laufen, wachen draußen auf! Und steigen Sie ruhig mal ab – das tut nicht nur dem Pferd gut.

WUSSTEN SIE?

▸ Positive Bestärkung motiviert ein Pferd: Es bekommt für ein Verhalten eine Belohnung und wird deshalb diese Handlung wieder ausführen, um die Belohnung zu erhalten. Oder einfach gesagt: Wenn ich meinem Pferd ein Leckerli dafür gebe, dass es den Kopf gesenkt hat, dann ist das eine positive Verstärkung.
Man kann diese positive Verstärkung auch mit einem Geräusch verbinden, beispielsweise durch einen Clicker. Mit diesem Hilfsmittel lassen sich manche Pferde sehr gut trainieren.
Das Geben von Leckerli ist nicht ganz unumstritten: Beginnt das Pferd zu betteln oder zu beißen, sollte man es lieber durch Streicheln oder mit freundlichen Worten belohnen.

Nun schau doch mal!

Auch das gehört zum Motivieren: Neues erleben und sehen! Je mehr ein Pferd sieht und erlebt, desto aufgeschlossener ist es seiner Umwelt gegenüber. Um ein Pferd an etwas Neues zu gewöhnen, braucht es viel Lob. Diese Belohnung wirkt motivierend und das Pferd lernt, sich ungewöhnliche Dinge anzuschauen, statt zu fliehen.

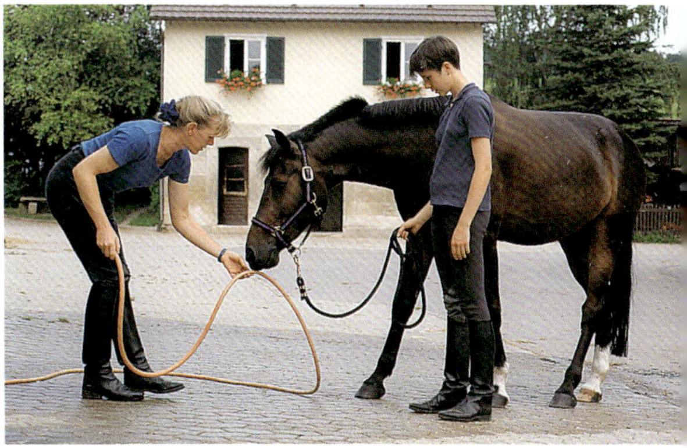

Mitarbeit

Bodenarbeit macht Pferden oft richtig Spaß. Sie können etwas Neues lernen, ohne dass der Mensch auf ihrem Rücken sitzt. Verlagern Sie diese Bodenarbeit doch mal nach draußen! Eine grüne Wiese ist für Pferd und Mensch viel motivierender als ständiges Üben in der Reithalle.
Für die Bodenarbeit eignet sich fast alles, worüber ein Pferd gehen kann oder um was man ein Pferd herumführen kann.
Es kann lernen, über eine Plane zu gehen, sich gleichmäßig um Pylonen zu biegen, vorsichtig über eine Wippe zu laufen, einen Huf in einen alten Reifen oder auf einen Baumstumpf zu stellen, seitwärts über Stangen zu gehen oder rückwärts durch eine Gasse aus Stangen zu treten.
Sie können aber auch mit Ihrem Pferd Bushaltestellen oder Bierbänke anschauen gehen!

Vertrauen gewinnen

Das Vertrauen eines Pferdes muss man sich erst verdienen. Es vertraut dem Menschen, wenn er sich als souveräner Führer erweist, der es nicht in Gefahr bringt und auch nicht unbeherrscht reagiert. Pferde lernen durch Erfahrungen: Haben sie in unserem Beisein angenehme Erlebnisse, vertrauen sie uns. Empfinden sie aber Stress oder Schmerzen, beginnen sie sich zu fürchten.
Ruhe und Gelassenheit sind also die Zauberworte beim Umgang mit Pferden. Wer unkontrolliert reagiert, gewinnt nur schwer das Vertrauen eines Pferdes.

Verlässlichkeit

Auch unsichere, junge Pferde lernen schnell, dass ihnen nichts passiert, wenn ihr Mensch bei ihnen ist.
Junge Pferde kennen zunächst nur ihre Weide, ihre Herde und die Menschen, die mit ihnen umgehen: ihren Besitzer, vielleicht einen Tierarzt und den Hufschmied. Wenn sie alt genug sind, um geritten zu werden, kommen viele neue Menschen und neue Situationen dazu. Die Pferde lernen im Hänger zu fahren, müssen sich satteln lassen und werden in fremdem Gelände geritten.
Dies alles lernen junge Pferde nur dann, wenn sie die neuen Dinge in Ruhe kennen lernen dürfen und nicht erschreckt oder überfordert werden. Stress behindert das Lernen. Fühlen sich Pferde bedroht oder ist ihnen etwas gar zu unheimlich, reagieren sie mit dem typischen Verhalten eines Fluchttieres.

Nachgeben

Vertrauensvoll den Kopf zu senken ist für Pferde nicht selbstverständlich. Wenn sie den Kopf nach unten nehmen, können sie die Umgebung nicht beobachten, sie müssen sich darauf verlassen, dass sie bei uns in Sicherheit sind.
Dem Pferd beizubringen, den Kopf zu senken, festigt nicht nur das Vertrauen, sondern ist auch im Alltag sehr praktisch: Es ist nämlich viel einfacher, ein Pferd aufzuhalftern oder aufzutrensen, das freiwillig den Kopf senkt. Legen Sie dazu sanft die Hand ins Genick des Pferdes und üben Sie vorsichtig Druck aus. Sobald das Pferd den Kopf senkt, geben Sie nach und loben es.

Instinkte

Bei allem gegenseitigem Vertrauen – so dicht sollte man sich lieber nicht vor ein Pferd setzen. Selbst wenn man ein Pferd sehr gut kennt, kann man nicht sicher sein, dass es sich nicht erschreckt. Und dann wird jedes Pferd instinktiv einen Satz nach vorne machen – dabei kann es einen ungewollt böse verletzen.
Eine Flucht nach vorne ist eine ganz normale pferdetypische Reaktion. Um gefährliche Unfälle zu vermeiden, darf man nie vergessen, dass Pferde instinktorientiert handeln. Wer sein Pferd grasen lässt, muss stehen bleiben, damit er im Notfall schnell ausweichen kann.

Rangordnung

In einer Pferdeherde gibt es eine Rangordnung, die festlegt, wer „der Boss" ist und bestimmt, wo es langgeht. Diese Rangordnung verändert sich, wenn neue Pferde in die Herde kommen. Es gibt dann häufig Raufereien, bis die Situation geklärt ist. Auch der Mensch als Bezugsperson für das Pferd muss seinen Platz in der Hierarchie manchmal erst beweisen.

Da man sich aber nie mit einem Pferd auf eine ernsthafte körperliche Auseinandersetzung einlassen sollte, müssen Pferde von Anfang an lernen, dass sie niemals nach einem Menschen schlagen oder beißen dürfen. Sie müssen wissen, dass sie uns nicht anrempeln sollen und lernen, beispielsweise auf ein Signal hin anzuhalten oder auszuweichen.

Wer ist der Chef?

Wie es um die Rangordnung bestellt ist, sieht man beim Führen. Deshalb sollte man das mit seinem Pferd in Ruhe trainieren. Die richtige Position eines Pferdes ist neben der Schulter des Menschen: Der Pferdekopf darf auf Ihrer Höhe sein, das Pferd sollte Sie aber nicht überholen. Wenn es zu weit hinten läuft, kann man es nicht mehr kontrollieren.

WUSSTEN SIE?

- Eine klare, souveräne Körperhaltung ist wichtig: Pferde verständigen sich untereinander durch Körpersprache. Auch unsere Körperhaltung nehmen sie bewusst wahr. Wer ein Pferd richtig führen will, muss sich ihm auch selbstbewusst verständlich machen: Ohne Hektik und Härte, sondern durch ruhiges, klares Auftreten, das nicht ängstlich oder aggressiv wirken darf. Straffen Sie die Schultern und gehen Sie aufrecht und gelassen, wenn sie selbstbewusst wirken wollen.

Drängler

Wer drängelt, nimmt seinen Menschen nicht ernst. Aber hier wird der Drängler in seine Schranken gewiesen und daran gehindert, den Menschen einfach beiseitezuschieben. Solche Übungen tragen dazu bei, die Hierarchie Mensch-Pferd klarzustellen. Sicherheitshalber sollte man beim Führtraining Handschuhe tragen. Bei sehr stürmischen Pferden ist eine Führkette oder eine Trense hilfreich.

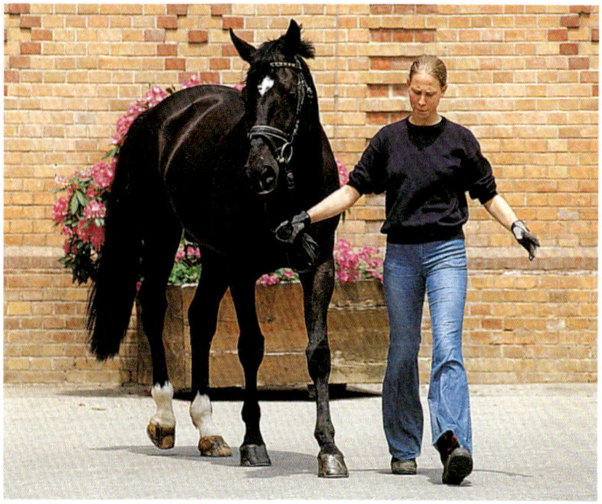

Klare Position

Immer schön hinter meiner Schulter: Das Pferd darf nicht vorbeilaufen. Das Vorstürmen eines Pferdes kann man durch das Hochhalten des Armes oder mittels Zeigen einer Gerte verhindern. Läuft das Pferd zu weit nach vorn, kann man es nämlich ebenfalls nicht mehr kontrollieren.

Kleiner Test

Auch in der Wendung sieht man, ob die Rangordnung geklärt ist: Das Pferd darf einen nicht abdrängen oder anrempeln, sondern muss ganz gesittet weiter in der richtigen Position laufen. Rempeln ist außerdem gefährlich: Nur zu schnell tritt einem das Pferd schmerzhaft auf den Fuß.

Unarten vermeiden

Als Unart oder Untugend bezeichnet man Verhaltensweisen, die zwar zum normalen Verhalten eines Pferdes gehören können, die aber im Umgang mit uns Menschen und beim Reiten unerwünscht sind. Schlagen und Beißen gehören in einer Herde zum Alltag – sofern sie nicht übertrieben häufig ausgeführt werden.

Dass es Menschen niemals beißen oder schlagen darf, muss schon ein kleines Fohlen lernen. Auch Steigen oder Bocken sollte man gleich bei den ersten Versuchen unterbinden.
Unarten vermeidet man einfach und nachhaltig, indem man auf eine gute Grunderziehung achtet.

Benimmregeln

Respekt ist eine Grundvoraussetzung der guten Erziehung: Es ist wichtig, dass das Pferd ausweicht und sich seitwärts schicken lässt. Damit man nicht vergeblich gegen das viel stärkere Pferd drückt, berührt man es vorsichtig mit der Gerte und zeigt ihm, wohin es gehen soll. Weicht es aus, akzeptiert es unsere Rolle als „Chef".

Wer rechtzeitig mit so einem Grundtraining die Benimmregeln klärt, gerät auch nicht in die Situation, dass ein Pferd plötzlich nach einem Menschen schlägt oder versucht zu beißen. Das ist wirklich gefährlich!
Ein Kräftemessen mit einem aggressiven oder unerzogenen, auf jeden Fall aber viel stärkeren Pferd, verliert der Mensch auf jeden Fall. Darauf sollte man sich niemals einlassen.

Transportprobleme?

Ein Pferd, das sich nicht verladen lässt, ist nicht nur ungehorsam, sondern es gefährdet im schlimmsten Fall sogar sich selbst, weil es im Notfall nicht in eine Tierklinik gefahren werden kann. Verladen und auch Fahren kann und muss man deshalb üben. Stress beim Verladen lässt sich vermeiden, wenn zwei umsichtige Helfer das Pferd mit Longen absichern und mit Ruhe auf den Hänger führen.

Betteln unerwünscht!

Wer sein Pferd aus der Hand füttert, muss damit rechnen, dass es auch auf eigene Faust einmal nachschaut, ob man ihm nicht etwas mitgebracht hat.
Unterbinden Sie freches Wühlen in den Taschen sofort, sonst fängt Ihr Pferd vielleicht morgen an, nach Ihnen und Ihrer Jacke zu schnappen – und das kann schmerzhaft enden!

Horsemanship

Horsemanship nennt man den partnerschaftlichen und artgerechten Umgang mit dem Pferd. Monty Roberts, Pat Parelli, Desmond Morris und andere machten den Begriff „Horsemanship“ bekannt. Aber pferdegerechter Umgang braucht nicht zwingend einen großen Namen, sondern sollte Bestandteil unseres Alltags sein. Die Western Horsemanship ist sogar eine Turnierdisziplin: In diesem Wettbewerb werden Hilfengebung und Sitz des Reiters beurteilt.

Harmonie

„Ich mag dich und respektiere dich.“ Das ist ein wichtiger Grundsatz eines pferdegerechten Umgangs im Sinne von Horsemanship. Denn nur, wenn ich ein Pferd auch wirklich achte und als vollwertigen Partner betrachte, kann ich es fair und artgerecht behandeln.

Fair heißt, ich verlange von meinem Pferd keine Leistung, die es nicht erbringen kann, indem ich seine Ausbildung und sein Leistungsvermögen berücksichtige. Artgerecht heißt, dass ich ihm eine Haltung ermögliche, die seinen Bedürfnissen entspricht. Dazu gehören immer Pferdegesellschaft und die Möglichkeit, sich ausreichend zu bewegen.

Vertrauen

Horsemanship bedeutet, sehr genau auf das Pferd zu achten und dafür zu sorgen, dass es einem vertrauen kann. Zu den einzelnen Übungen, die die jeweiligen Trainer für das Horsemanship vorschlagen, gehört oft das Treiben in einem Roundpen oder Zirkel, bis das Pferd sich dem Menschen zuwendet – auch hier ist es sehr wichtig, ganz genau auf die Signale des Pferdes zu achten. Wer ein Pferd einfach in die Runde scheucht, bis es nicht mehr kann, der handelt ganz sicher nicht im Sinne von Horsemanship. Ein richtiger Pferdemensch sieht genau, wann ein Pferd Angst hat oder erschöpft ist, und beruhigt es oder lässt es verschnaufen.

Tierschutz

Die Grundregeln des Horsemanship sind eigentlich nichts anderes als die Grundlagen jeglichen Tierschutzes: respektvoller, artgerechter Umgang und das Gebot, dem Pferd keine Schmerzen zuzufügen ergänzen sich.

Ein artgerechter Stall, eine passende und gepflegte Ausrüstung, eine fachkundige Fütterung und eine tierärztliche Versorgung des Pferdes sollten für jeden Pferdefreund und -besitzer selbstverständlich sein.

Mit Pferden im Alltag

Zum täglichen Umgang mit Pferden gehört nicht nur füttern, Hufe auskratzen und putzen, sondern auch das Führen oder Auf-die-Weide-bringen. Die meisten Pferde lassen sich problemlos putzen, aber das Auskratzen der Hufe ist manchen, vor allem jungen Pferden, häufig nicht ganz geheuer. Hufe geben müssen sie dennoch zuverlässig lernen, damit sie auch beim Schmied und Tierarzt wirklich kooperativ sind. Dass sie sich ruhig führen lassen und auf Verlangen still stehen, gehört zum Einmaleins der Pferdeerziehung.

Kontrolle

Für ein gut erzogenes, umgängliches Pferd sollte es selbstverständlich sein, sich untersuchen zu lassen. Es wäre schließlich fatal, wenn sich ein verletztes Pferd nicht behandeln ließe.

Ein Pferd, das Schmerzen und Angst hat, ist aufgeregt. Hat es schon früh gelernt, sich von Fremden berühren zu lassen, lässt es sich auch in kritischen Situation eher vom Tierarzt helfen .

Warte!

Ruhig am Anbindeplatz zu warten, ohne zu zappeln oder sich gar loszureißen, gehört zu den grundsätzlichen Benimmregeln für ein Pferd. Nur wenn es gelernt hat, still zu stehen, kann man es gefahrlos putzen oder satteln.

Ein Pferd, das geduldig angebunden ausharrt, kann auch einen Moment unbeaufsichtigt stehen bleiben, zum Beispiel wenn man den Sattel aus der Sattelkammer holt.

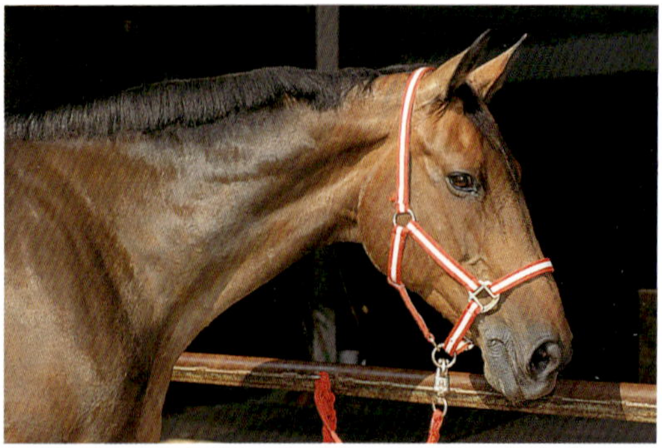

Gelernt ist gelernt

Das Auskratzen der Hufe übt man schon bei jungen Pferden. Zunächst genügt es, wenn man die Hufe immer nur kurz aufhebt und ruhig wieder abstellt, bevor das Fohlen zu zappeln beginnt. Kurze, aber regelmäßige Übungssequenzen erleichtern dem Pferd das Lernen.

Lässt sich ein Pferd die Hufe zuverlässig auskratzen, übt man dies auch an ungewöhnlichen Orten. Vielleicht muss man einmal im Gelände nachsehen, ob sich das Pferd einen Stein eingetreten hat.

Auch Satteln und Putzen sollte man an unterschiedlichen Plätzen üben, damit dies auf dem Turnier oder beim Wochenendausflug problemlos klappt. Dasselbe gilt für das Auf- und Absteigen. Sonst hat man im Gelände Probleme, wieder aufzusitzen, wenn man sein Pferd zwischendurch einmal führen musste.

Ist das eigene Pferd noch unerfahren, so hilft ein ausgeglichener Kumpel, die Nerven zu bewahren. Ruhe ausstrahlen sollte natürlich auch der Reiter: Wenn er selbst in ungewöhnlichen Situationen Sicherheit vermittelt, vertraut ihm auch das Pferd.

Aufhalftern

Das Aufhalftern gehört zum Alltag eines jeden Pferdes. Egal ob es zum Putzen aus der Box geholt wird oder auf die Weide gebracht wird: Ein Halfter braucht es zunächst immer. Wenn das Pferd mit dem Halfter auf die Weide gebracht wird, sollte dieses gut passen. Ist das Halfter zu groß, kann sich ein Pferd schnell zum Beispiel an einem Weidezaunpfosten oder Ast verhaken oder beim Wälzen in das Halfter treten. Um diese Verletzungsgefahr auszuschalten, ist es besser, das Halfter auf der Koppel auszuziehen. Ist das nicht möglich, so kann man eventuell ein Halfter mit einem Klettverschluss benutzen, der sich im Notfall öffnet.

Bleib hier!

Zum Aufhalftern legt man am besten erst einmal den Führstrick, der am Halfter befestigt ist, über den Pferdehals. Dann kann das Pferd nicht einfach davonlaufen, weil es vielleicht doch noch ein wenig länger auf der Weide bleiben will. Wenn man dem Pferd dann eine Hand ins Genick legt, zeigt man ihm, dass es den Kopf senken soll.

Behutsam

Schieben Sie dann zuerst den Nasenriemen über die Pferdenase – ein gut erzogenes Pferd steckt den Kopf schon fast von selbst hinein – und dann das Genickstück über die Ohren. Seien Sie dabei vorsichtig, denn manche Pferde sind an den Ohren sehr empfindlich. Machen sie schlechte Erfahrungen, lassen sie sich ungern aufhalftern.

Alles zu?

Der Kehlriemen des Halfters wird von links geschlossen. Bei den meisten Halftern geht dies über einen einfacher Karabiner, den man nur einhaken muss. Manche Modelle haben auch eine richtige Schnalle.
Praktisch ist es, wenn man den Strick bereits am Halfter befestigt hat.
Im Alltag bewähren sich Halfter aus Nylon. Sie lassen sich schnell vom Schmutz befreien, indem man sie abbürstet. Für den Auftritt auf dem Turnier oder einer Schau darf es natürlich auch ein Lederhalfter sein.

Sitzt und passt

Das Halfter kann sich eigentlich nicht groß verdrehen oder verrutschen. Wenn es erst einmal zu ist, dann sitzt es auch sicher. Probleme kann es höchstens mit Knotenhalftern aus dünnem Seil geben, die man manchmal für die Bodenarbeit verwendet. Sie sind nicht einfach anzupassen, weil man die Knoten mühsam lösen und verschieben muss. Aber in der Regel werden sie nicht im Alltag verwendet. Sie haben auch eine stärkere Einwirkung auf das Pferd als die sonst üblichen breiten Halfter.

WUSSTEN SIE?

▸ Sensible Pferde mögen es nicht gern, wenn man ihnen das Halfter einfach über die empfindlichen Ohren zieht. Am besten, man klappt die Ohren vorsichtig nach vorn und hebt das Genickstück dann sachte darüber. Noch angenehmer sind Halfter, bei denen man das Genickstück über eine Schnalle an der Backe öffnen kann.

Anbinden

Pferde muss man praktisch täglich anbinden: zum Putzen, zum Satteln oder wenn der Hufschmied kommt. Deshalb ist es wichtig, dass sie wirklich ruhig und sicher stehen. Das kann man bereits mit jungen Pferden üben.
Schon Fohlen können lernen, eine kurze Zeit angebunden zu sein. Am leichtesten fällt es ihnen, wenn die Mama danebensteht und sie sich nicht so einsam fühlen. Aber Achtung: Das Fohlen sollte wirklich nur für wenige Minuten angebunden werden, sonst beginnt es womöglich herumzuzappeln oder lernt sogar, sich loszureißen. Daher muss man aufhören, solange es noch brav steht.

Zur Sicherheit

Pferde dürfen nur an sicheren Plätzen angebunden werden, die keine Verletzungsgefahr bergen. Am Anbindeplatz dürfen also keine Gegenstände herumstehen oder -liegen, gegen oder auf die das Pferd treten kann. Es darf auch nicht rutschig sein – die Gefahr, dass ein Pferd stürzt, wenn es sich erschrickt, ist sonst groß.

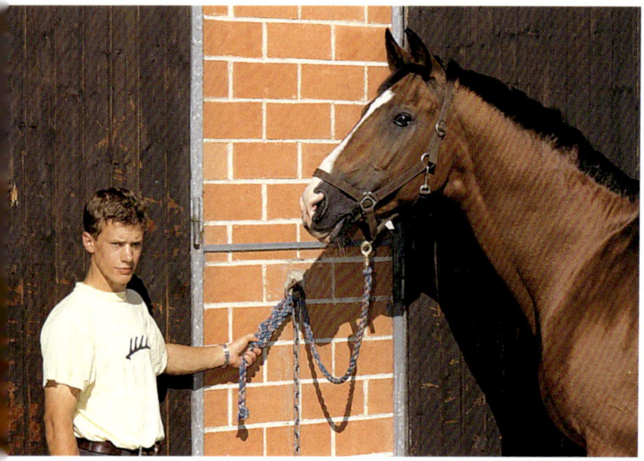

Ganz besonders muss man auch auf die richtige Stricklänge achten. Ist er zu lang, treten Pferde, vor allem wenn sie ungeduldig mit den Hufen scharren, leicht hinein und bekommen Panik. Andere schaffen es, den Kopf unter dem Strick hindurchzustecken und geraten dann ebenfalls in helle Aufregung. So können schlimme Unfälle passieren.
Aber Achtung: Zu kurz angebundene Pferde fühlen sich eingeengt und bekommen Angst.
Es gibt spezielle Haken, die zum Anbinden von Pferden besonders gut geeignet sind: Sie haben einen Sicherheitsverschluss, an dem man nur einmal ziehen muss, dann ist er offen. Wenn man einen solchen Panikhaken kauft, dann sollte man ihn zunächst ein paar Mal zur Probe öffnen und schließen. Manchmal gehen diese Haken nämlich so schnell auf, dass sie sich sogar von selbst öffnen.

Bloß nicht verknotet

Man sollte sein Pferd immer so anbinden, dass man den Knoten ganz schnell wieder aufbekommt. Da Pferde leicht erschrecken und dann unter Umständen in Panik geraten, wenn sie das Gefühl haben, festzuhängen, muss man den Anbindeknoten wirklich mit einem Griff wieder lösen können.
Für einen Sicherheitsknoten legt man zunächst eine Schlaufe und führt das Ende des Stricks hindurch. Dann zieht man durch diese Schlaufe eine oder mehrere weitere, die man zuziehen und im Notfall genauso rasch wieder lösen kann.

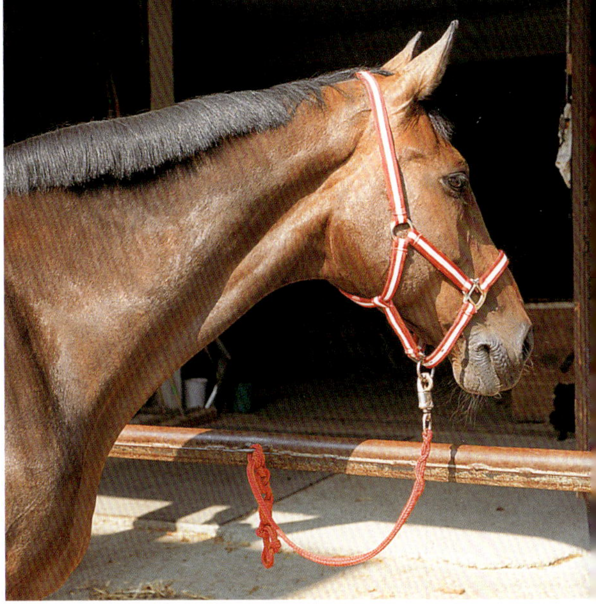

Abstand halten

Ein Pferd, das an einem sicheren Ort mit einem Sicherheitsknoten angebunden ist, sollte eigentlich längere Zeit ruhig stehen bleiben können. Voraussetzung ist aber auch, dass kein anderes Pferd dicht daneben angebunden wird. Sonst besteht die Gefahr, dass die Pferde sich gegenseitig anrempeln, beißen oder gar schlagen. Schnell kann es hierbei zu Verletzungen kommen! Wenn eines der beiden Pferde dann auch noch zu lang angebunden ist, kann es das andere regelrecht traktieren oder natürlich auch vorbeigehende Menschen oder Hunde schwer verletzen.

Führen

Beim Führen ist es unerlässlich, dass das Pferd den Menschen als ranghöher akzeptiert und willig mitgeht, ohne zu trödeln, zu drängeln oder gar den Menschen zu überholen. Sind hier die Positionen nicht geklärt, hat der Mensch schlechte Karten. Beginnt erst ein Ziehen und Zerren, verliert er das Kräftemessen in jedem Fall. Dabei ist die Gefahr groß, dass man selbst oder das Pferd verletzt wird.
Pferde führt man meist von der linken Seite an einem Strick, den man 20 bis 30 Zentimeter lang lässt. Aber auch das Führen von rechts sollte man üben.

Vorbildlich

Ein wohlerzogenes Pferd lässt sich ohne Probleme führen. Es geht quasi von allein im richtigen Tempo am lockeren Strick mit. Das Ende des Strickes nimmt man in die linke Hand. Niemals darf man sich aber eine Schlaufe um die Hand wickeln! Auch sollte man sein Pferd nicht gänzlich ohne Strick führen. Direkt am Halfter hat man zu wenig Einflussmöglichkeit auf das Pferd und auch keinerlei Spielraum, sollte es erschrecken und zur Seite hüpfen.

Abgesichert

Unruhige oder junge Pferde sollte man lieber mit Handschuhen und Gerte führen. Ziehen sie dem Führenden den Strick durch die Hand, verhindern die Handschuhe Verletzungen.
Man kann ein zappeliges Pferd auch mit einer Trense führen. Damit hat man bessere Einwirkungsmöglichkeiten als beim Führen mit Halfter und Strick.

Überholverbot

Wer zu weit hinten geht, riskiert es, von seinem Pferd überholt zu werden. Hier kommt das Pferd schon zu weit nach vorne und lässt sich schlecht bremsen. Damit gibt der Mensch die Kontrolle über das Geschehen aus der Hand, das Pferd ernennt sich quasi selbst zum Chef.
Richtig: Ermahnen Sie den Frechdachs mit der Stimme, halten Sie ihm die Gerte vor die Nase oder klopfen Sie damit auf die Brust des Pferdes.

Mindestgeschwindigkeit

Pferde, die sich zu weit zurückfallen lassen und sich so dem Einfluss des Menschen entziehen, kann man mit einem leichten Tick mit der Gerte etwas vorwärtsschicken, ohne dass man sich nach ihnen umdrehen muss.
Achten Sie darauf, dass Sie Ihr Pferd wirklich vorsichtig antippen, sonst macht es vielleicht einen plötzlichen Satz nach vorne.

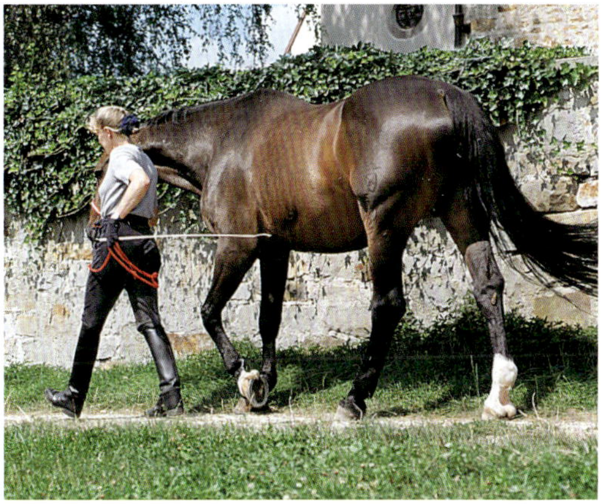

WUSSTEN SIE?

- Pferde, die sehr ungestüm sind, lassen sich mit einer Führkette leichter bändigen. Sie muss aber korrekt verschnallt sein und man darf nie grob an der Kette rucken. Damit sie gleichmäßig anliegt, wird die Führkette ins Halfter gefädelt und einmal um den Nasenriemen geschlungen. Man kann einem Pferd mit der Führkette Schmerzen auf dem empfindlichen Nasenrücken zufügen, weshalb man sich den korrekten Sitz und den richtigen Umgang mit ihr am besten vorher zeigen lässt.

Anhalten und Stehen

Anhalten und Stehen sind zwei Übungen, die sehr wichtig sind für einen gefahrlosen Umgang im Alltag. Ideal ist es, wenn das Pferd anhält, sobald der Mensch dies tut. Auch sollte es dann wirklich ruhig stehen und nicht herumzappeln.
Für ein Fluchttier ist dies gar nicht selbstverständlich, weshalb man das Stehen bereits mit jungen Pferden sorgfältig üben muss. Am besten geht das auf einem geschlossenen Reitplatz, sodass man keine Sorge haben muss, dass das Jungpferd sich vielleicht losreißt und davonläuft. Und natürlich lässt es sich besser mit einem Pferd üben, dass bereits Bewegung hatte und sich auf den Reiter konzentriert.

Steh!

Zum Anhalten des Pferdes zupft man leicht am Strick. Reicht das als Signal nicht aus, hilft vielleicht eine Gerte weiter. Wenn man sie vor die Pferdenase hält, bildet sie eine optische Grenze, hinter der die meisten Pferde freiwillig anhalten.
Ganz frechen Gesellen darf man auch mal auf den Nasenrücken klopfen. Dieses Signal kann man mit einem Stimmkommando kombinieren. Mit der Zeit wird der Einsatz der Gerte dann immer seltener nötig sein.

WUSSTEN SIE?

- Anhalten und Stehen lernen fällt Pferden mit Hilfe eines Stimmkommandos viel leichter, als wenn man nur versucht, sie über den Strick zu bremsen. Üblich sind die Kommandos „Halt“ oder „Steh“, die Fahrer benutzen oft „Brrr“ und die Westernreiter bremsen ihre Pferde mit einem „Whoa“. Welches Signal man selbst benutzt, ist nicht wirklich wichtig, es sollte nur immer das gleiche sein.

Gut gemacht

Wenn man möchte, dass ein Pferd nach dem Anhalten ruhig stehen bleibt, stellt man sich mit der leicht erhobenen Gerte vor das Pferd. So lernt es schnell, dass es nun nicht vordrängeln soll und wartet, bis es weitergeht. Dabei kann man gleich das Kommando „Steh“ oder „Warte“ einführen und das Pferd mit ruhiger Stimme loben, wenn es stillsteht. Lassen Sie das Pferd anfangs nicht zu lange warten.

Hier geht es nicht weiter

Wenn man ein Pferd mittels Körpersprache anhalten und es daran hindern möchte, an einem vorbeizustürmen, dann breitet man die Arme aus und macht sich ganz groß! Der Mensch muss klar ausdrücken: Hier geht es nicht weiter.
Natürlich übt man dies nur auf einem eingezäunten Platz und nimmt anfangs sicherheitshalber eine Gerte zur Unterstützung hinzu.
Zur Not bremst ein Klapps mit der Gerte vor die Brust auch einen ungestümen Frechdachs.

Auf die Weide bringen

Weidegang gehört zu den allerwichtigsten Dingen für ein Pferd! Hier kann es fressen, mit Freunden toben, dösen oder sich die Mähne beknabbern lassen. Aber gerade weil sie sich auf die Koppel freuen, sind viele Pferde sehr ungestüm auf dem Weg dorthin – bestehen Sie deshalb immer darauf, dass Ihr Pferd sich auch hier wirklich diszipliniert führen lässt und nehmen Sie im Zweifelsfall einen Helfer mit.

Naschen verboten

Der Weg zur Weide führt oft schon durch verlockendes Grün. Achten Sie darauf, dass Sie den Strick nicht zu lang lassen, damit das Pferd nicht eigenmächtig anfängt zu grasen oder gar losbuckelt, weil es schneller auf die Wiese möchte.
Unterwegs sollte man das Pferd prinzipiell nie fressen lassen. Hat es sich das nämlich erst einmal angewöhnt, wird es nach Lust und Laune stehen bleiben, um zu grasen.

WUSSTEN SIE?

- Gerade wenn man Pferde am Eingang zur Koppel freilässt, neigen sie zum ausgelassenen Buckeln oder zum freudigen Ausschlagen. Drehen Sie das Pferd deshalb immer zu sich um, bevor Sie das Halfter ausziehen und es laufen lassen. Während es wendet, können Sie einige Schritte zur Seite machen.

Kumpels in Sicht

Sind die Freunde schon in Sicht, kennt so manches Pferd kein Halten mehr.
Üben Sie konsequent, notfalls mit einem Helfer, dass das Pferd sich dennoch geduldet, bis Sie ihm das Halfter ausgezogen haben und es auf die Weide entlassen. Steht dort schon ein „Empfangskomitee", sollte man aufpassen, nicht zwischen die Pferde zu geraten. Besser ist es, die wartende Horde auf Abstand zu halten, notfalls mit einer zusätzlichen Abtrennung, ehe alle in die heißgeliebte Freiheit stürmen.

Von der Weide holen

Verständlicherweise lassen sich die meisten Pferde nicht besonders gern von der Weide holen. Wenn der Mensch kommt, dann bedeutet das, dass es zurück in den Stall geht oder gar gearbeitet werden soll. Dabei ist es auf der Koppel doch viel schöner!

Beachtet man ein paar Grundregeln, klappt das Einfangen aber bestimmt. Für besonders unlustige Kandidaten gibt es auch noch einen Tipp: Wartet regelmäßig ein Futtereimer mit ein paar Äpfeln, trennt sich so manches Pferd bereitwilliger von der „großen Freiheit".

Gehst du mit?

Pferde mögen es nicht, wenn man frontal auf sie zugeht. Sie fühlen sich auch nicht wohl, wenn man sie direkt anstarrt (Jäger fixieren ihre Beutetiere meist vor dem Angriff). Daher vermeidet man besser den unmittelbaren Blickkontakt und nähert sich seinem Pferd langsam von schräg vorne – etwa so, als wenn man auf einen Punkt an der Schulter zugeht. Dann legt man den Strick rasch um den Pferdehals – so kann einem das Pferd nicht mehr entkommen, während man es aufhalftert.

Dankeschön

Hat man sein Pferd sicher an Halfter und Strick, kann man es belohnen: Über ein Leckerli freut sich jedes Pferd und es wird sich beim nächsten Mal viel lieber einfangen lassen.

Aber Achtung, füttern Sie nicht auf der Koppel, wenn andere Pferde in der Nähe sind, sonst kommt es schnell zu einer Rauferei – und der Mensch steht womöglich mittendrin. Besser ist es zu warten, bis man sich außerhalb des Koppelzaunes befindet.

Kleiner Check

Wer sein Pferd von der Wiese holt, sollte es sicherheitshalber genauer ansehen: Hat es vielleicht mit einem Kumpel gerauft oder einen Kratzer von einem tief hängenden Ast abbekommen?
Beim Verlassen der Weide muss man natürlich auf den Rest der Herde achten. Nur zu gern kommt ein Pferdefreund mit durch das Tor getrottet, wenn der Kumpel notgedrungen geht. Verscheuchen Sie hartnäckige Artgenossen deshalb ruhig mit dem Strick oder der Gerte oder nehmen Sie notfalls einen Helfer mit.

Bodenarbeit

Bodenarbeit ist eine ideale Beschäftigung für Pferde jeden Alters und jedes Ausbildungsstandes.
Alte oder kranke Pferde, die man nicht (mehr) so viel unter dem Sattel arbeiten kann, kann man auf diese Art und Weise schonend bewegen, ihre Elastizität erhalten und ihnen neue Aufgaben und auch Herausforderungen bieten. Junge Pferde lernen viele Dinge leichter ohne das Gewicht des Reiters im Sattel und entwickeln die notwendige Muskulatur.
Arbeit vom Boden bietet Abwechslung, ist wichtig für die Grunderziehung und dient zudem der Gymnastizierung – auch von gesunden Pferden.

Targetstick und Clicker

Bodenarbeit kann man auf einem sicher eingezäunten Platz auch einmal ohne Halfter und Strick ausprobieren.
Manche Pferde lassen sich sehr gut mit dem Clicker trainieren: Das ist ein Knackfrosch, der ein Clickgeräusch von sich gibt. Das Pferd wird auf den Click konditioniert, indem man einmal clickt und ihm dann sofort ein Leckerli gibt. Dies wiederholt man, bis das Pferd verstanden hat, dass das Clickgeräusch ein Lob bedeutet.
Man kann das Clickern auch mit einem sogenannten Targetstick verbinden. Hier wird das Pferd belohnt, wenn es den Stab mit der Nase berührt.
Mit Hilfe von Targetstick und Clicker kann man das Pferd an neue Gegenstände heranführen. Es wird dann mit Click und Leckerli belohnt, wenn es sich beispielsweise den ungewöhnlichen Tonnen nähert.

Die Wippe

Mit Hilfe von Leckerlis lassen sich Pferde oft einfacher an neue Hindernisse heranführen, wie hier an die Wippe. Allerdings sollte man gut aufpassen, wenn man vor dem Pferd in die Hocke geht. Sollte es erschrecken, läuft man Gefahr, verletzt zu werden.

Besser ist es, das Pferd am Halfter zu führen und ihm die Wippe mit der Hand zu zeigen. Das Berühren der Wippe kann man mit einem Click und einem Leckerli belohnen. Dann wartet man, bis das Pferd bereit ist, die Wippe zu betreten.

Generell muss man bei der Wippe immer damit rechnen, dass das Pferd in dem Moment, in dem sie kippt, herunterspringt. Aber keine Angst: Die meisten Pferde lernen sehr schnell, dass von diesem Hindernis keine Gefahr ausgeht und finden Spaß an der wackligen Angelegenheit.

Stangenarbeit

Das Durchschreiten von Stangen – ohne sie zu berühren – ist nicht nur eine Übung für viele Trailaufgaben, sondern auch eine tolle Vorbereitung auf das Geländereiten.

Schließlich soll das Pferd im Wald ebenfalls auf den Boden achten und nicht über irgendwelche Äste und Wurzeln stolpern.

Um es über die Stangen zu lenken, muss das Pferd natürlich am Halfter geführt werden. Sollte es zu stürmisch sein, kann man es auch mit Hilfe einer Führkette dirigieren. Eine Gerte kann dazu dienen, es aufmerksam zu machen und ihm den Weg zu zeigen.

Man führt das Pferd möglichst ruhig und langsam über die Stangen. Es soll jeden Schritt bewusst machen und nicht achtlos über die Stangen hinwegstürmen. Am besten lässt man es immer wieder anhalten und erneut antreten.

Gepflegt und gesund

Putzen ist viel mehr als nur Saubermachen, das dem Pferd an sich nicht gerade viel bedeutet. Putzen ist auch Kontaktaufnahme, es dient der Massage und regt die Durchblutung der unteren Hautschichten an. Und natürlich: Bevor ein Pferd gesattelt und geritten werden kann, muss es gründlich geputzt werden, sonst scheuert das Lederzeug auf der Haut. Außerdem kann man das Pferd beim Putzen auf kleinere Verletzungen kontrollieren, man macht also gleichzeitig eine Art Rundum-Check und prüft, ob das Pferd wirklich gesund ist.

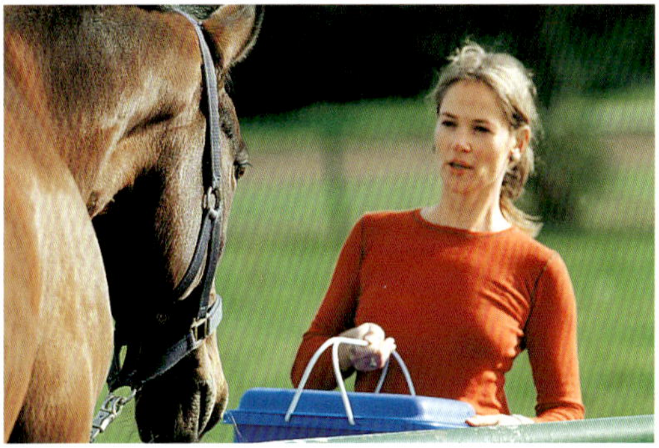

Putzstunde

„Da kommt mein Mensch mit dem Putzzeug!“ Die meisten Pferde mögen es gerne, wenn sie geputzt werden.
Beim Putzen lernt man sein Pferd besser kennen: Ist es kitzelig? Genießt es das Putzen oder ist das Pferd verspannt und will lieber nicht angefasst werden? Drückt es gar den Rücken weg? Dann sollte unbedingt der Sattel überprüft werden, da er höchstwahrscheinlich nicht richtig passt.

Körperkontakt

Putzen dient der Entspannung – von Mensch und Pferd! Man nimmt sich Zeit, stellt keine großen Erwartungen und krault so quasi nebenbei sein Pferd an dessen Lieblingsstellen.
Wer sich mit der chinesischen Medizin auskennt oder in entsprechenden Büchern nachschaut, kann dabei sogar Akupunkturpunkte massieren: Akkupressur kann Verspannungen lösen und Energien stärken.

Frisch gewaschen

Bis es blitzt und blinkt: Richtig schick sieht das blankgeputzte Pferd aus, wenn man abschließend noch die Hufe wäscht und eventuell ein wenig mit Huföl einpinselt. Wirklich notwendig ist diese Art der Hufmaniküre allerdings nicht, da die wichtige Versorgung der Hufe mit Nährstoffen von innen erfolgt. Huföl und -fett sind also reine Kosmetik.

Traumpferd!

So sieht ein gepflegtes und gesundes Pferd aus: glänzend und voller Energie! Bei einem Pferd, dass so munter ist, kann man sich ziemlich sicher sein, dass es ihm gut geht!

Das Fell ist glatt und wird regelmäßig von toten Haaren befreit. Das sollte man übrigens auch bei alten Pferden, die wenig geritten werden, regelmäßig machen, sonst juckt ihnen irgendwann der Pelz! Sie haben häufig auch Probleme mit dem Fellwechsel.

Pferde putzen

Putzen – das ist Massage und Reinigung zugleich. Das Pferd wird zunächst vom groben Schmutz befreit, den es vielleicht vom Schlammbad auf der Koppel mitgebracht hat. Dafür kann man einen Striegel aus Metall oder Kunststoff nehmen. Bei langem Winterfell oder im Fellwechsel sind sogenannte Federstriegel ideal, die besonders gut den Schmutz aus den langen Haaren nehmen. Mit den harten Striegeln darf man aber nie über knochige Körperteile kratzen. Abschließend kann man das Pferd mit Noppenstriegel und Kardätsche bürsten, bis es glänzt.

Grundreinigung

Prinzipiell wird ein Pferd immer von vorne nach hinten geputzt. Man folgt der Wuchsrichtung der Haare und bürstet in der Regel nicht gegen den Strich.
Mit dem Striegel putzt man Hals, Bauch und Kruppe des Pferdes. Die größeren Flächen, wie zum Beispiel die Hinterhand, kann man mit kreisenden Bewegungen reinigen. Dort sitzen auch große Muskeln, die man so gleich mitmassiert.

WUSSTEN SIE?

- Auch das Langhaar muss gepflegt werden: Die Mähne wird sorgfältig gekämmt oder gebürstet. Der Schweif wird mit der Hand „verlesen", dazu nimmt man die Haare und entwirrt sie mit den Fingern. Bürstet man den Schweif, dann reißt man viel zu viele Haare aus! Wenn ein Pferd zum Beispiel für ein Turnier hübsch gemacht werden soll, wird der Schweif gewaschen. Natürlich kann man bei gutem Wetter auch das ganze Pferd abspritzen, aber Vorsicht: Manche Vierbeiner wälzen sich gerade nach dem Waschen ausgiebig in der nächsten Schlammkuhle!

Die Beine kann man gut mit der Wurzelbürste säubern, sie ist nicht so hart und man muss keine Angst haben, an die empfindlichen Knochen zu stoßen.

Sanft und sauber

Die Stellen, an denen die Knochen direkt unter der Haut zu fühlen sind, werden vorsichtig mit der Wurzelbürste gereinigt. Die weichere Kardätsche nimmt anschließend den Staub aus dem Pferdehaar und sorgt dafür, dass das Pferd nach der Pflege richtig glänzt. Mit ihr säubert man auch vorsichtig den Kopf.
Manche Pferde lassen sich am Kopf nicht gern putzen. Bei ihnen muss man sehr behutsam vorgehen und erst einmal versuchen, eine Stelle zu finden, die ihnen eher behagt. Bei vielen Pferden ist es die Stirn, weit oben, direkt unter dem Schopf. So lernen auch sie mit der Zeit, das Putzen mit einer weichen Bürste im Gesicht zu genießen. Achten Sie nebenbei auch auf klare Augen, die keine Verklebungen aufweisen.

Für besondere Stellen

Mit Schwämmen – am besten besitzt man zwei, die man farblich auseinanderhalten kann – säubert man zum einen die Nüstern und zum anderen den Genitalbereich. Diese Schwämme muss man natürlich regelmäßig waschen, damit sie nicht verkeimen. Nach ein paar Monaten kann man die günstigen Schwämmchen auch entsorgen und sich neue kaufen. Dann gibt es sicher keine Probleme mit der Hygiene.

Hufpflege

Die Hufe werden mindestens zweimal täglich, am besten vor und nach dem Reiten, kontrolliert und ausgekratzt.
Steine oder Holzstückchen können sich im Pferdehuf festsetzen, und das kann unter Umständen sehr schmerzhaft für das Pferd werden.

Wenn das Pferd Hufeisen hat, ist das Hufeauskratzen auch eine gute Gelegenheit, die Eisen zu kontrollieren: Sitzen alle noch fest oder hat sich etwa ein Nagel gelockert? Auch bei Pferden, die nicht geritten werden, müssen nach dem Koppelgang alle vier Hufe kontrolliert werden.

WUSSTEN SIE?

- Hufeisen müssen etwa alle acht Wochen erneuert werden, auch wenn sie vielleicht noch nicht durchgelaufen sind. In dieser Zeit ist der Pferdehuf so weit nachgewachsen, dass das Pferd seine Beine ungleichmäßig belasten würde. An der Zehe – also ganz vorn am Huf – wächst der Huf in der Regel am schnellsten.

Gib Huf!

Wie bekommt man nun eigentlich das Pferd dazu, die Hufe zu heben? Das ist gar nicht so schwer: Man tritt seitlich an das Pferd heran, stellt sich mit dem Blick zum Schweif auf, beugt sich runter und umfasst mit einer Hand das Bein, dessen Huf man kontrollieren möchte, und sagt laut und deutlich „Fuß“ oder „Huf“.

Wer unsicher ist, kann sich dies erst einmal von einem erfahrenen Reiter zeigen lassen. Bei ängstlichen Pferden hingegen kann es helfen, das Pferd auf wirklich sicheren Untergrund zu stellen. Rutschige Böden verunsichern besonders junge Pferde, die dann Angst bekommen hinzufallen. Sie haben es übrigens leichter, wenn sie sich beim Auskratzen der Hinterbeine ein wenig an eine Wand anlehnen können.

Braves Pferd

Damit das Pferd den Fuß hebt, fasst man das Bein oder klopft mit der Hand leicht dagegen. Hochheben kann man das Pferd aber nicht, es muss den Huf schon freiwillig geben!

Wichtig ist, dass Pferde Routine beim Auskratzen der Hufe bekommen. Dafür kann man immer die gleiche Reihenfolge einhalten: vorne rechts, hinten rechts, vorne links, hinten links.

Der Huf sollte so aufgehoben werden, dass man die Bewegungsrichtung des Beines einhält: Man darf das Bein also zum Beispiel nicht zu weit nach außen ziehen, das ist unangenehm.

Zum Säubern hält man den Huf unterhalb des Fesselgelenks fest. Zunächst reinigt man die Strahlfurchen, dann entfernt man vorsichtig den Schmutz von der Hufsohle. Am Strahl selbst kratzt man nicht.

Vorsicht, lebende Teile

Beim Hufeauskratzen bitte nicht zu stark kratzen, sonst wird womöglich die Hufsohle beschädigt. Der Huf besteht nämlich nicht aus totem Horn, sondern ist durchblutet und kann also auch verletzt werden. Besonders empfindlich ist der Übergang vom Fell zum oberen Rand des Hufes, der Kronenrand.

Wasserspiele

Wasser ist klasse! Man kann es trinken, sich damit abkühlen oder waschen. Das sehen Pferde manchmal aber etwas anders: Wasser hat eine komische Oberfläche, in der man sich spiegelt, ist in Pfützen seltsam undurchsichtig und kommt manchmal sogar aus schlangenähnlichen Plastikschläuchen. Da ist aus Pferdesicht natürlich Skepsis angesagt! Vielen Pferden ist Wasser deshalb erst einmal nicht ganz geheuer, aber auch sie werden mit etwas Geduld lernen, durch Bäche zu waten, sich abspritzen zu lassen oder aus fremden Eimern zu trinken.

Das riecht aber komisch!

Um ein Pferd an Wasser zu gewöhnen, zeigt man ihm am besten erst einmal ganz in Ruhe den Schlauch. Für die meisten Pferde ist nämlich schon allein der Gartenschlauch, aus dem noch gar kein Wasser kommt, erschreckend. Sie fürchten sich vor dem schlangenartigen Gebilde. Wenn sie sich den Schlauch aber erst einmal angesehen haben, findet ihn der Großteil der Pferde gar nicht mehr so schlimm. Nun kann man das Wasser anstellen und das Pferd vorsichtig daran schnuppern lassen.

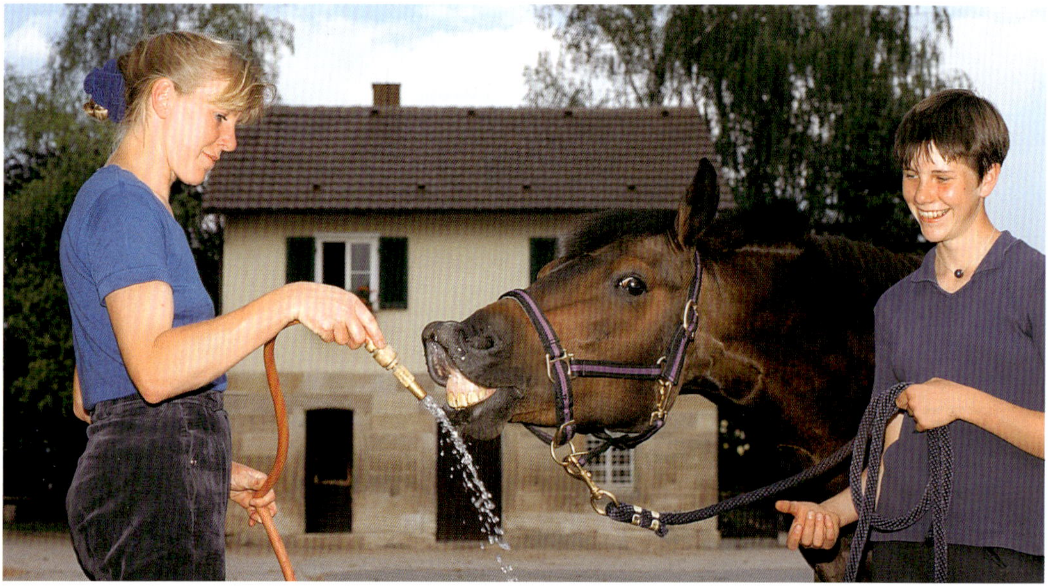

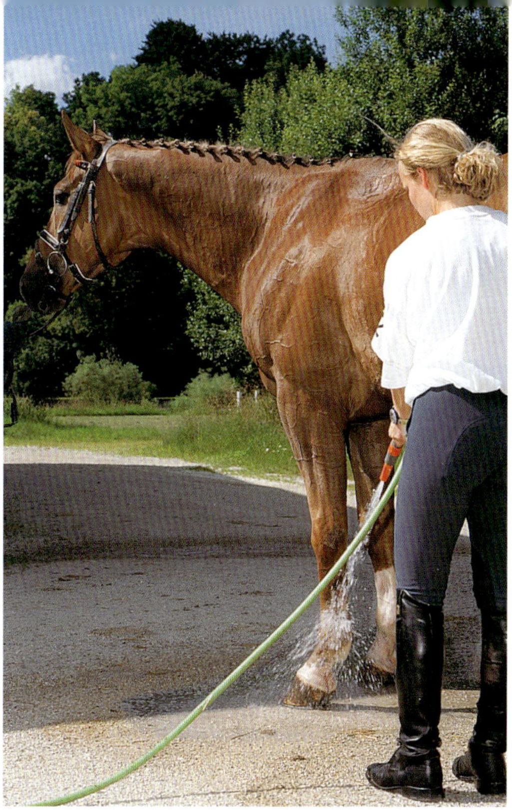

Fußbad

Haben Sie ein besonders anstrengendes Training mit Ihrem Pferd absolviert, kann es sinnvoll sein, die Beine zu kühlen, um Überanstrengungen des Sehnen- und Bänderapparates vorzubeugen. Fünf bis zehn Minuten zu kühlen hilft hier manchmal schon Wunder und verhindert Schwellungen.
Wenn man länger kühlen muss, gibt es Kühlbandagen, die ganz einfach angelegt werden können und einen optimalen Kühleffekt bewirken. Man kann aber auch Bandagierunterlagen nass machen und diese für zwei bis drei Stunden um das Pferdebein wickeln.

Wasser marsch!

Natürlich darf man ein Pferd nicht plötzlich und ohne Vorwarnung von der Seite mit Wasser bespritzen. Man beginnt langsam an einem Bein mit einem nicht zu harten Wasserstrahl, bevor man nach und nach das ganze Pferd abduscht. Das sollte man allerdings wirklich nur bei warmem Wetter tun, sonst ist die Gefahr, dass sich das durchnässte Pferd erkältet, zu groß.
Der Rücken ist beim Abspritzen aber immer tabu, insbesondere an der Kruppe und an der Hinterhand hält man das Pferd lieber warm.

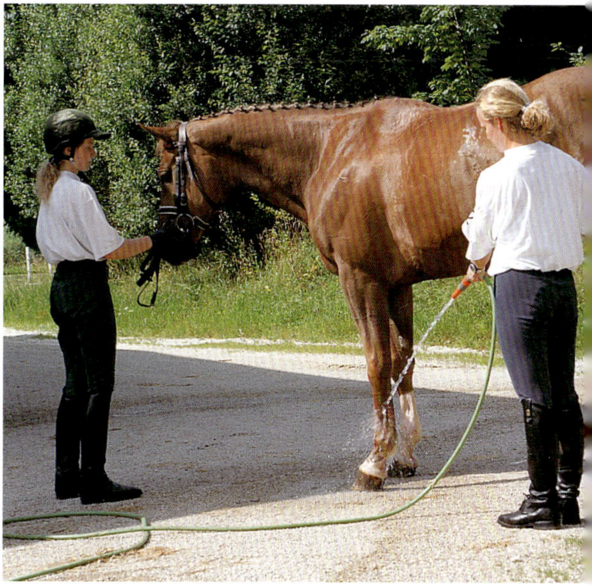

Einsprühen

Sprühflaschen scheinen einen besonderen Reiz auszuüben – zumindest auf uns Menschen, die wir alle möglichen Flüssigkeiten in Sprühflaschen einfüllen und verwenden. Pferde hingegen finden diese Flaschen meist weniger reizvoll. Sie sind misstrauisch und erschrecken schnell, wenn das Sprühgeräusch ertönt und noch dazu plötzlich etwas Nasses aus der Flasche kommt. Es lohnt sich aber, sie an dieses Geräusch zu gewöhnen, damit man im nächsten Sommer nicht wieder mit dem herumzappelnden Pferd da steht, nur weil man Fliegenspray benutzen wollte!

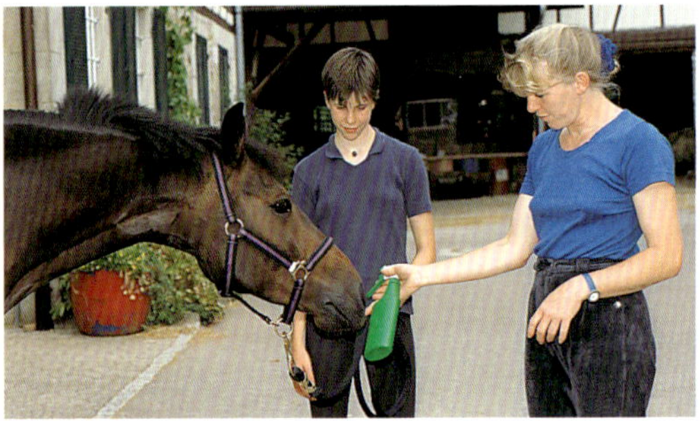

Vorsicht Sprühflasche!

Viele Pferde haben Angst vor der Sprühflasche. Egal, ob man mit dem Mähnenspray zum Entfilzen der Mähne oder mit dem Fliegenspray kommt, der Vierbeiner hüpft spätestens beim ersten Sprühstoß zur Seite und versucht zu entkommen! Besonders kniffelig wird es bei verletzten Pferden, bei denen man versucht, mit Desinfektionsspray eine Wunde einzusprühen: Das bereits aufgeregte und verunsicherte Pferd versucht nun erst recht zu fliehen! Deshalb üben Sie lieber rechtzeitig.

Nun schau doch mal!

Als erstes zeigt man dem Pferd die Sprühflasche von allen Seiten und lässt es in Ruhe daran schnuppern. Vielleicht reicht man ein kleines Leckerli und lobt das Pferd, wenn es an der Flasche riecht. Das ist häufig gar nicht so schwierig, denn vor der Flasche an sich haben die meisten Pferde noch keine Angst. Es ist das komische Zischgeräusch, das beim Sprühen für Angst und Schrecken sorgt, verbunden mit dem Austritt von Flüssigkeit, mit dem das Pferd meist nicht gerechnet hat.

Komische Geräusche

Der Sprühstoß kommt für Pferde ganz überraschend: Ein komischer Laut, den sie nicht zuordnen können – das erschreckt sie schnell. Zeigen Sie Ihrem Pferd deshalb erst mal, was da eigentlich so unerwartet „Pffft" macht. Halten Sie die Sprühflasche etwas vom Pferd entfernt und sprühen Sie auf den Boden – natürlich zunächst nicht in Richtung Pferd. Loben Sie Ihr Pferd, wenn es stehen bleibt und lassen Sie es dann noch einmal an der Flasche riechen. Wenn das schon gut klappt, können Sie auch kurz vor dem Pferd auf den Boden sprühen, sodass es sich an das Geräusch in seiner Nähe gewöhnt, ehe sie sich direkt ans Pferd wagen.

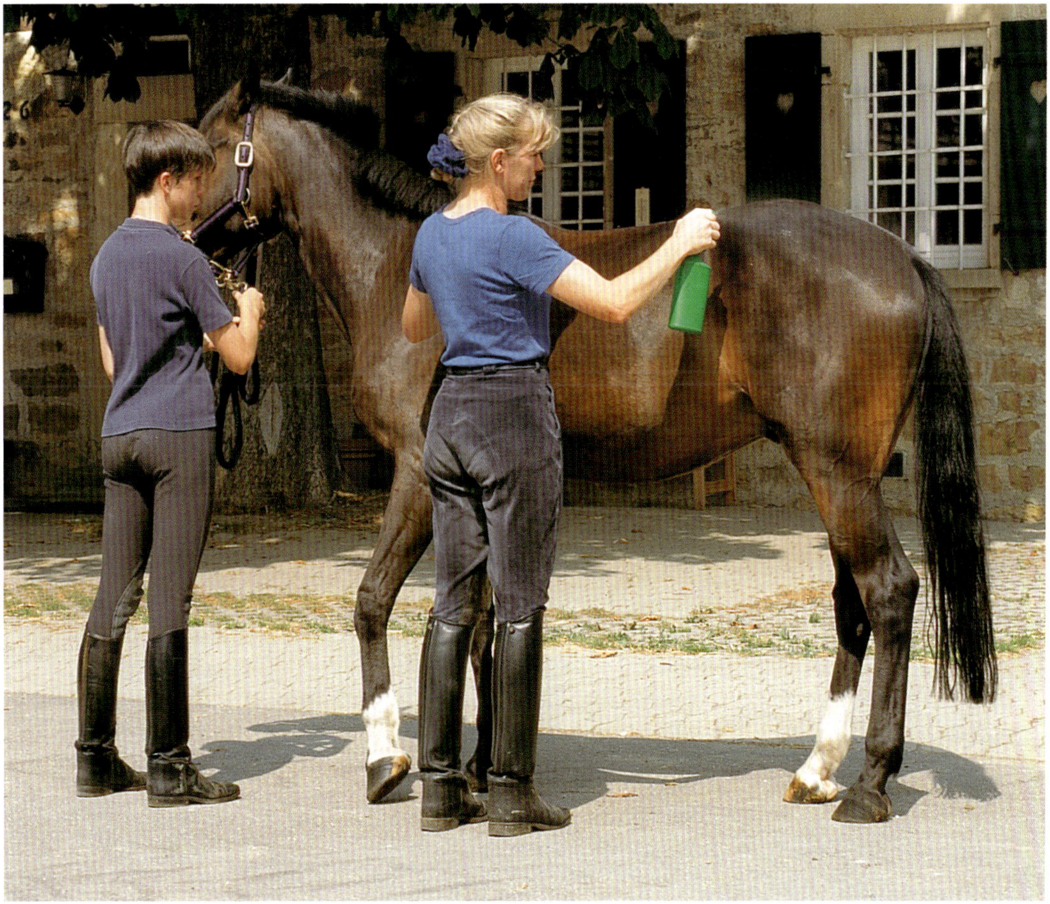

Alles gesund?

Gesundheit ist das wichtigste Gut – ein alter Spruch, der aber wahr ist. Denn das tollste und teuerste Pferd nützt nichts, wenn man es aus Krankheitsgründen gar nicht oder nur eingeschränkt reiten kann. Zur Gesunderhaltung gehören eine Menge Dinge, angefangen von der einwandfreien Fütterung über den korrekten Hufbeschlag bis hin zur fachgerechten Entwurmung.

Ganz besonders wichtig ist der Schutz vor ansteckenden Krankheiten: Eine Tetanusimpfung braucht jedes Pferd, und auch eine Impfung gegen Influenza und – je nach Gebiet – Tollwut sind empfehlenswert. Sollte es einmal zu einer kleinen Rangelei gekommen sein, dann gehört auch die medizinisch richtige Wundversorgung zur notwendigen Pflege.

Gut im Futter

Selbstverständlich sollte man immer den Futterzustand seines Pferdes im Auge behalten. Gerade Ponys neigen dazu, bei wenig Arbeit und einer reichhaltigen Weide schnell zu rundlich zu werden. Im schlimmsten Fall droht ihnen sogar eine Kolik. Auch die Hufrehe, eine Krankheit, die sich durch einen steifen Gang und eine charakteristische Schonungshaltung ankündigt, entsteht durch ein Übermaß an Futter.

WUSSTEN SIE?

- Nicht nur auf zu dicke Pferde muss man achten, auch zu dünn sollten die Vierbeiner nicht sein.

Ist ein Pferd trotz gutem und hochwertigem Futter eher mager, könnte ein Wurmbefall die Ursache sein. Pferde müssen mindestens viermal im Jahr entwurmt werden, am besten der ganze Bestand gleichzeitig.

Möglicherweise sind auch die Zähne nicht in Ordnung. Sie sollten mindestens einmal jährlich kontrolliert werden. Hin und wieder bilden sich an den Pferdezähnen messerscharfe Spitzen, die das Pferd am Kauen hindern und unbedingt fachmännisch entfernt werden müssen. Es gibt hierfür auch eigens ausgebildete Pferdezahnärzte.

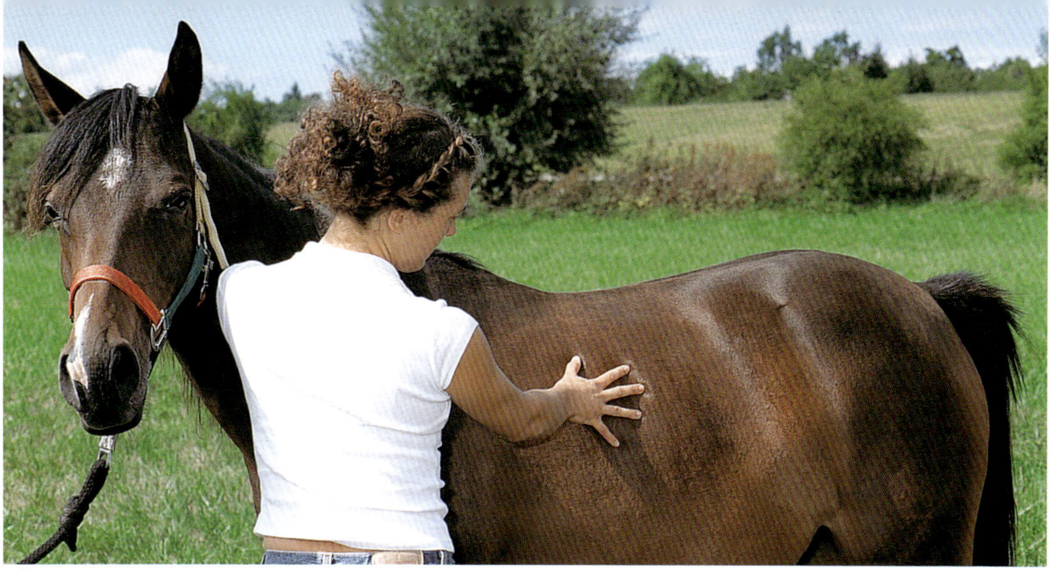

Rundum-Kontrolle

Man sollte sein Pferd täglich auf kleinere Wunden untersuchen.
Am besten streicht man es dazu vorsichtig mit den flachen Händen ab. So merkt man schnell, ob irgendwo eine heiße Stelle mit einer Entzündung ist oder ob sich vielleicht eine Wundkruste im dichten Fell verbirgt.
Hat man das Gefühl, dass es dem Pferd nicht gut geht, kann man sicherheitshalber Fieber messen. Die Normaltemperatur beträgt 37,5 – 38,3 °C. Bei einer hohen Umgebungstemperatur oder nach einer großen Anstrengung kann die Temperatur vorübergehend erhöht sein.

Kleine Wundversorgung

Schimmel können im Sommer durchaus einen Sonnenbrand bekommen. Das schmerzt sie genauso wie uns ein Sonnenbrand auf der Nase.
Vorbeugend kann man Schimmeln oder Pferden mit einer großen Blesse Sonnencreme auf die besonders gefährdeten Hautpartien (wie zum Beispiel die Haut über den Nüstern) reiben. Das schützt sie im Hochsommer ebenso gut wie uns.

Pferde vorführen

Besteht der Verdacht auf eine Lahmheit, wird das Pferd dem Tierarzt vorgeführt. Auch bei bestimmten Prüfungen wie zum Beispiel dem Distanzreiten ist dieses Vorführen gefordert. Dort wird sogar während des Wettkampfes immer wieder geprüft, ob das Pferd noch lahmfrei ist.

Damit der Gang des Pferdes richtig beurteilt werden kann, muss man aber auf einige Dinge ganz besonders achten.

Geh!

Für den Tierarzt – egal ob bei einer Untersuchung oder bei einem Distanzritt – wird das Pferd zunächst im Schritt vorgeführt. Man führt es als erstes vom Betrachter weg und dann – nach einer Rechtsdrehung – wieder zurück zum Betrachter. Dabei sollte das Pferd möglichst gerade laufen, keine Schlenker machen und am etwas längeren Strick neben seinem Menschen gehen. Behindern Sie das Pferd möglichst nicht, damit der freie Gang beurteilt werden kann.

Lauf!

Anschließend zeigt man das Pferd im Trab. Wenn der Boden, so wie hier, aus grobem Schotter besteht, sollte man möglichst am Rand laufen, damit das Pferd nicht auf einen Stein tritt und so das Gangbild verfälscht wird. Idealerweise führt man Pferde auf festem, nicht steinigem, ebenem Untergrund vor. So lassen sich Gangunregelmäßigkeiten am besten erkennen – meist kann man sie dann sogar hören. Gerade im Trab sind sie in der Regel sehr deutlich.

Taktklar

Wer so läuft, der lahmt sicher nicht! Der Schimmel trabt kerngesund über seine Koppel. Er belastet alle vier Füße gleichmäßig und würde das Vortraben sicher locker bestehen. Manchmal zeigen sich Lahmheiten aber auch erst unter dem Reiter. Dann kann zum Beispiel ein schlecht sitzender Sattel die Ursache sein.

WUSSTEN SIE?

- Je erfahrener der Tierarzt ist, desto mehr kann er beim Vortraben erkennen. Er kann beispielsweise anhand der Lahmheit schon beim Vorführen sehen, ob das Pferd eher am Huf erkrankt ist oder beispielsweise aus der Schulter heraus lahmt. Man unterscheidet die sogenannte Hangbein- und die Stützbeinlahmheit, je nachdem, ob das Pferd die Gliedmaße beim Auffußen oder beim Vorschwingen entlastet. Auch das Auffußen des Hufes selbst gibt Hinweise auf eventuelle Erkrankungen. Ein Pferd mit Hufrehe beispielsweise kann man schon im Stand erkennen: Es belastet vor allem den hinteren Bereich der Hufe, steht also auf den Trachten.

Beim Schmied

Die Hufe eines Pferdes wachsen und nutzen sich ab – leider nicht immer gleichmäßig. Sie müssen deshalb in festen Zeitabständen von einem Hufschmied bearbeitet werden: Alle sechs bis acht Wochen sollte ein Schmied nach den Hufen sehen und sie entsprechend korrigieren.

Wenn sie regelmäßig geritten werden, benötigen die meisten Pferde einen Hufschutz. Auf den oft harten Böden, auf denen wir reiten, nutzt sich das Hufhorn sonst zu stark ab. Diesen Hufschutz muss der Hufschmied regelmäßig kontrollieren und erneuern.

Sitzt alles?

Die Hufe sollten Sie jeden Tag mindestens einmal kontrollieren: Ein eingetretener Stein oder ein halb abgerissenes Hufeisen, bei dem Nägel krumm stehen, können sehr schmerzhaft sein.
Wenn man sieht, dass der Beschlag schon ziemlich abgenutzt ist oder ein Nagel sich lockert, kann man rechtzeitig den Schmied verständigen.

WUSSTEN SIE?

- Es gibt verschiedene Möglichkeiten, den Huf vor der Abnutzung beim Reiten zu schützen. Die üblichste Variante ist das Hufeisen aus Metall. Es gibt mittlerweile aber auch Beschläge aus Kunststoff und solche, bei denen Metall und Kunststoff gemeinsam verarbeitet werden. Rennpferde werden mit Hufeisen aus Aluminium beschlagen, und viele Freizeitreiter benutzen Hufschuhe, um die Hufe ihrer Pferde zu schützen. Diese Hufschuhe kann man oft jahrelang einsetzen, sodass sich auch ein hoher Anschaffungspreis lohnt. Sie müssen allerdings fachmännisch angepasst werden, sonst verliert man sie.

Feinarbeit

Der Schmied nimmt zunächst das Eisen ab und bearbeitet dann den Barhuf, damit ein neues Eisen aufgenagelt werden kann. Der Huf wird dabei ausgeschnitten, der Strahl geglättet und der Tragrand meist gekürzt. Das Pferd soll anschließend möglichst gleichmäßig auffußen.
Das Eisen muss der Schmied so vorbereiten, dass es möglichst genau auf den Huf passt. Dazu wird es erhitzt und kurz aufgebrannt, um die Passform zu prüfen. Dieses Aufbrennen finden manche Pferde erschreckend: Ihr Huf qualmt! Daran müssen sie sich erst gewöhnen, doch wenn der Schmied zunächst nur ganz kurz aufbrennt, lernen sie schnell, dass es nicht gefährlich ist und auch nicht schmerzt. Ein Leckerli vom Schmied hilft natürlich bestens, den Schreck zu überwinden.

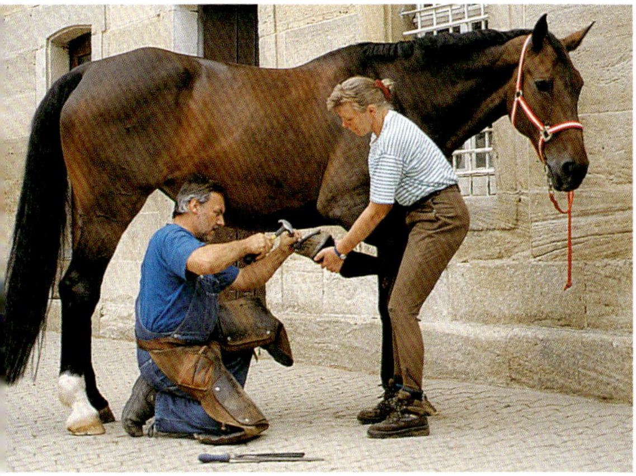

Befestigung

Die Hufnägel werden so eingeschlagen, dass sie dem Pferd keine Schmerzen zufügen. Deshalb wird das Eisen auch nur im vorderen Hufbereich festgenagelt – im hinteren Bereich ist zu viel Bewegung im Huf. In der Regel genügen auf jeder Seite zwei oder drei Nägel. Je leichter der Beschlag ist, desto weniger Nägel benötigt man.

Beim Tierarzt

Wie wichtig es ist, dass das Pferd gut erzogen ist und seinem Menschen vertraut, merkt man bei einem Tierarzttermin. Hier muss das Pferd stillstehen und sich untersuchen lassen, auch wenn das nicht immer angenehm ist.

Ein Pferd, das gelernt hat, sich überall berühren zu lassen, hat weniger Probleme mit dem Tierarzt, und wenn es sich auch ins Maul schauen lässt und beim Abhören nicht zappelt, dann ist so eine Routineuntersuchung gar nichts Schlimmes.

Schau mir in die Augen!

Die Augen werden kontrolliert, wenn ein Pferd beispielsweise eine Augenentzündung hat und vielleicht eines der Augen tränt. Aber auch die Schleimhäute können bei einem Blick in die Augen beurteilt werden. Bei Augenerkrankungen werden meistens Salben oder Tropfen verschrieben, die man ins Auge eingibt, indem man das untere Augenlid vorsichtig nach unten zieht. Die meisten Pferde lassen sich diese Prozedur gut gefallen, wenn sie gewohnt sind, sich überall berühren zu lassen.

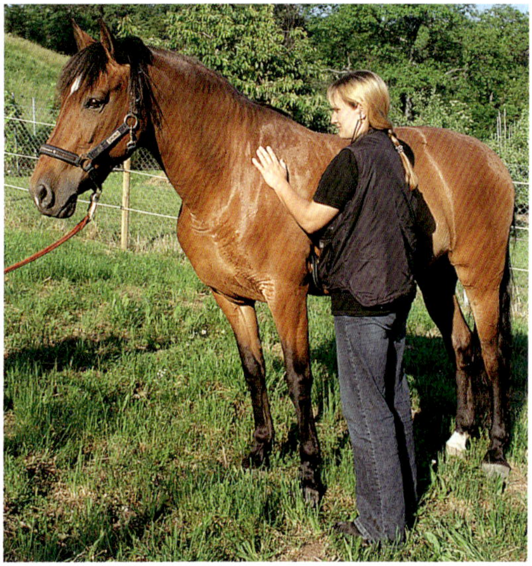

Hörbar

Die Tierärztin hört das Pferd ab und prüft, ob eine Atemwegserkrankung vorliegt. Husten ist bei Pferden eine ernst zu nehmende Krankheit, durch die die Pferdelunge dauerhaft Schaden nehmen kann. Sobald ein Pferd an mehreren Tagen hustet oder Fieber hat, ruft man den Tierarzt.

WUSSTEN SIE?

- Ein gesundes, erwachsenes Pferd hat folgende Puls-, Atmungs- und Temperaturwerte (PAT-Werte) in der Ruhe: Die Herzfrequenz liegt zwischen 28 bis 40 Schlägen pro Minute, die Atmung bei 8 bis 16 Zügen pro Minute und die normale Körpertemperatur bei 37,5 °C bis 38,3 °C. Bei Anstrengung geht der Puls schnell über 100 Schläge, aber er sollte in Ruhe wieder auf Normalwert absinken.

Normwerte

Den Puls kann man mit der Hand an der Innenseite der Ganaschen kontrollieren: Dort liegt eine Ader, die man gut fühlen kann. Kontrolliert man den Puls regelmäßig, kennt man die normalen Pulswerte seines Pferdes. Wichtig sind der Ruhepuls und der Puls nach Belastung. Letzterer sollte nach spätestens zwanzig Minuten wieder annähernd den Ruhepuls, zumindest aber nicht mehr als 60-64 Schläge erreicht haben. Diese Regenerationszeit verkürzt sich, je besser ein Pferd trainiert ist.

Tastbar

Die Beugesehnen der Vorderbeine kann man bei aufgehobenem Bein gut abtasten. Nach stärkerer Belastung, wie nach einem langen Geländeritt oder nach dem Springen, sollte man die Sehnen auf Schwellungen kontrollieren. Sobald man den Verdacht hat, dass etwas nicht in Ordnung ist, ist es besser, den Tierarzt zu verständigen. Sehnenschäden gehören zu den Hauptursachen, warum Pferde nicht mehr geritten werden können – deshalb sollte man auf die Sehnen immer ein Auge haben.

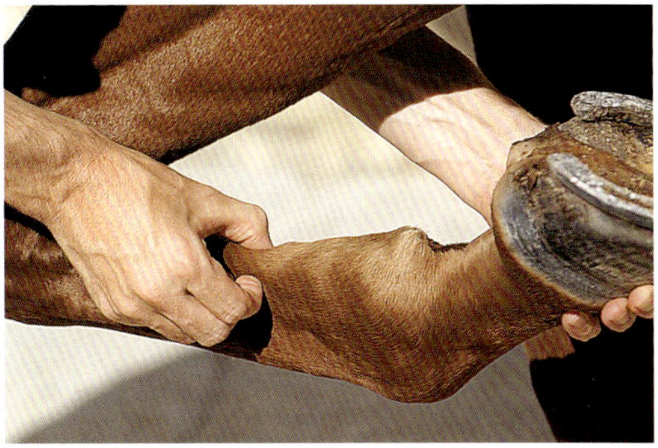

Mit Pferden unterwegs

Zu den schönsten Dingen gehört es, etwas gemeinsam mit dem Pferd zu unternehmen. Ob es ein Spaziergang durch die Felder ist, ein flotter Ausritt am Strand oder sogar die Fahrt in einen gemeinsamen Urlaub: Für Pferd und Reiter sind dies Dinge, die sie als Team so richtig zusammenschweißen. Auch eine Turnierteilnahme ist ein gemeinsames Erlebnis, von dem beide Partner profitieren, ebenso wie der Besuch eines Reit- oder Bodenarbeitskurses. Kurse bei kompetenten Trainern sind natürlich auch gut für die Verbesserung der Ausbildung, zumal wenn man mehrere Unterrichtsstunden an einem Tag oder an einem Wochenende erhält.

Kleiner Ausflug

Ein bisschen Auszeit vom Alltag kann man sich beinahe täglich nehmen. Gehen Sie doch einfach mal wieder raus ins Gelände. Und wenn Sie das Pferd die ersten Meter führen, bevor Sie aufsteigen, dann können Sie sich gemeinsam schon ein wenig entspannen und lockern.

Ist das Pferd jung oder besonders aufgeregt, nehmen Sie vielleicht einen Freund mit. Herdentiere fühlen sich in Pferdebegleitung einfach wohler – und auch man selbst ist in Gesellschaft oft ruhiger und entspannter.

Bei solchen Ausflügen kann man auch einmal spielerisch das Führen von rechts üben. An engen Straßen oder schmalen Durchgängen ist es oft sicherer, wenn das Pferd auch mit dieser Führposition vertraut ist.

Schön hier

Zusammen geht's uns gut! Was immer Sie auch mit Ihrem Pferd unternehmen, denken Sie daran, dass es Ihnen vertraut und Sie für seine Sicherheit verantwortlich sind. Vermeiden Sie deshalb gefährliche Straßen, tiefe und rutschige Böden oder potentiell gefährliche Strecken. Dann wird Ihr Pferd auch beim nächsten Mal wieder gerne mit Ihnen unterwegs sein.

Gelassenheit

Sicheres Verhalten kann man trainieren. Wer zu Hause den Umgang mit ungewöhnlichen Dingen geübt hat, der erlebt auch unterwegs nicht so schnell unangenehme Überraschungen.
Ob das eigene Pferd bereits gelassen genug ist, kann man auf sogenannten Gelassenheitsprüfungen (GHP) testen lassen. Bei dieser Prüfung sollen Vertrauen, Charakter und Erziehung des Pferdes bewertet werden. Die Pferde müssen ruhig bleiben, auch wenn Bälle, Regenschirme oder Flatterbänder im Parcours auftauchen – je gelassener das Pferd ist, desto besser fällt die Bewertung aus.
Die GHP kann geritten oder auch geführt werden und soll dadurch jedem, der mit Pferden umgeht, die erfolgreiche Teilnahme ermöglichen.

Im Gelände

Nicht nur mit Hunden kann man spazieren gehen, auch Pferde, gerade wenn sie nicht auf der Weide stehen können, freuen sich über ein bisschen Abwechslung. Vor allem im Winter, wenn es abends schon früh zu dunkel zum Reiten ist, kann man auch auf diese Weise noch einmal an die frische Luft kommen.

Pferde, die gerade nicht geritten werden dürfen, freuen sich besonders über einen kurzen Spaziergang. Und wenn man sie wieder trainieren darf, eignen sich längere Spaziergänge bestens, um sie allmählich wieder in Form zu bringen. Sie sind viel weniger belastend für den Rücken des Pferdes als langes Reiten im Schritt.

Wandersleut'

Eine willkommene Abwechslung für Pferd und Reiter kann ein Spaziergang sein. Man sollte aber immer darauf achten, dass man das Pferd nicht am langen Strick bummeln lässt. Das Risiko, dass es unkontrolliert zur Seite hüpft, wenn es erschrickt, ist zu groß. Zu dicht am Halfter wie hier darf man Pferde aber auch nicht führen. Die beste Kontrolle hat man, wenn man das Pferd am etwa 20 Zentimeter langen Strick führt.

Badezeit

Wenn man einen Spaziergang macht, ist das auch eine gute Gelegenheit, dem Pferd einmal das Wasser zu zeigen.
Am einfachsten ist es, sich mit dem unbekannten Nass anzufreunden, wenn der Mensch oder ein Pferdefreund mit hineingehen. Vielleicht zeigt der erfahrene Kumpel dem anderen Pferd, dass man an solchen Stellen gut trinken kann – das ist eine hilfreiche Erfahrung für Wanderritte!

Schön, Sie zu sehen!

Nicht nur Pferdebesitzer sind im Gelände unterwegs. Bei der Begegnung mit Spaziergängern sollte man sich stets hintereinander einordnen und auf einer Seite reiten. Selbstverständlich grüßt man freundlich und reitet immer nur im Schritt an Spaziergängern, Hundebesitzern und Joggern vorbei.

WUSSTEN SIE?

▸ Auch im Gelände ist längst nicht alles erlaubt. Die Landeswaldgesetze der einzelnen Bundesländer regeln, wo man mit dem Pferd unterwegs sein darf. Prinzipiell darf man die offiziellen Wege nie verlassen. Querfeldein über fremde Wiesen und Felder zu gehen, ist verboten. Das gilt übrigens auch für abgeerntete Felder. Der flotte Galopp über das Stoppelfeld ist nur erlaubt, wenn der Besitzer es gestattet. Und auch dann ist es selbstverständlich, dass man Rücksicht nimmt und Schäden vermeidet.

Im Straßenverkehr

Das Reiten und Führen von Pferden auf Straßen und Wegen ist in der Straßenverkehrsordnung geregelt. Pferde werden dabei wie Fahrzeuge behandelt. Auf Fahrrad- und Gehwegen ist Reiten nicht erlaubt, auch wenn es angesichts dicht befahrener Straßen sicherer erscheint.

Mit Pferden muss man sich, wie mit einem Fahrzeug, rechts halten. Da sie aber leicht erschrecken, wenn ein Auto oder ein Motorrad sich von hinten nähern, sollte man größere Straßen mit viel Verkehr nach Möglichkeit meiden. Häufig kann man auf einen Nebenweg ausweichen.

WUSSTEN SIE?

- In der Dämmerung oder gar Dunkelheit ist eine Beleuchtung vorgeschrieben: Der Reiter oder Führer muss eine Leuchte, die nach vorne weiß und nach hinten rot strahlt, auf der linken Seite tragen. Diese Funktion bieten Stiefelleuchten. Noch besser ist es, zusätzlich Leuchtdecken, -gamaschen und Sicherheitswesten zu verwenden.

Unterwegs

Junge Pferde kann man bei den ersten Ausflügen in den Straßenverkehr erst einmal führen. Sie lernen auf diese Weise, dass es gar nicht so gefährlich ist. Einfacher ist es natürlich, wenn man zunächst ein erfahrenes Pferd mitnehmen kann, dass durch seine Gelassenheit auch dem Neuling Ruhe und Vertrauen vermittelt.

Gut ausgerüstet

Auf der Straße ist es sicherer, wenn man mit der Trense statt mit Halfter und Strick unterwegs ist. Auch für einen Spaziergang an einer Straße entlang sollte man lieber die Trense benutzen, so hat man sein Pferd besser unter Kontrolle.

Verkehrsregeln

An der Straße müssen große Reitergruppen als Verband reiten, das heißt zehn bis zwölf Reiter reihen sich paarweise hintereinander ein. Um in einer Gruppe die Straße zu überqueren, biegen alle Reiter auf Kommando gleichzeitig ab. Das Abbiegen signalisiert man durch einen ausgestreckten Arm, genauso wie beim Fahrradfahren. Ein kleinerer Verband kann einzeln hintereinander gehen. Auch wer sein Pferd führt, muss diese Grundsätze befolgen.

Pferde verladen

Besonders aufmerksam muss man beim Verladen eines Pferdes auf einen Pferdeanhänger sein. Am besten lässt man sich das von einem erfahrenen Reiter zeigen. Unerfahrene Pferde sollte immer nur ein routinierter Reiter verladen, damit sich das junge Pferd weder erschrickt noch verletzt. Fehler, die man beim Verladen macht, können sich später geradezu fatal auswirken: Hat das Pferd einmal schlechte Erfahrungen gemacht und das Vertrauen verloren, kostet es viel Zeit, Mühe und Überredungskunst, bis es wieder ruhig und gelassen in einen Hänger steigt.

In aller Ruhe

Am besten übt man das Verladen zu Hause ganz in Ruhe. Wenn der Hänger erst einmal ausgiebig betrachtet werden kann und auf dem vertrauten Reitplatz steht, dann haben die wenigsten Pferde Angst davor. Der Hänger wird einladender, wenn man etwas Stroh oder Sägespäne einstreut. Der Boden hallt dann auch nicht, wenn das Pferd ihn betritt. Ein Futtereimer im Hänger lässt diesen übrigens gleich viel sympathischer erscheinen.

Lockmittel

Mit einem Menschen, den es kennt und dem es vertraut und mit etwas Gewöhnung steigt fast jedes Pferd problemlos in den Hänger. Man kann es natürlich auch mit einer Portion Lieblingsfutter locken und füttern, sobald es brav eingestiegen ist und stillsteht.
Einfacher und sicherer geht das Verladen, wenn noch ein Helfer dabei ist, der das Pferd seitlich absichern und die Stange hinter dem Pferd schließen kann.

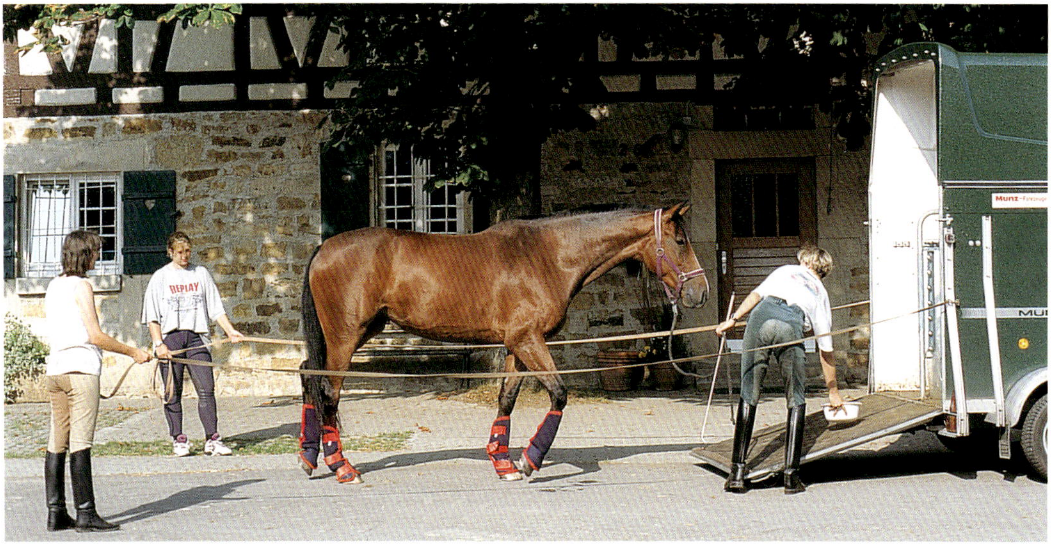

Leinenhilfe

Pferde, die sehr unsicher sind oder schlechte Erfahrungen beim Verladen oder Fahren gemacht haben, kann man häufig leichter mit Hilfe von zwei Longen verladen. Sie verhindern das seitliche Ausbrechen des Pferdes.

Auch wenn das Verladen nicht auf Anhieb klappt, darf man keinesfalls hektisch oder wütend werden. Unruhe und Stress übertragen sich auf das Pferd, das in der Folge nur noch nervöser wird. Verladen sollte man wirklich nur in Ruhe. Deshalb beginnt man möglichst frühzeitig mit dem Verladetraining.

WUSSTEN SIE?

- Die Weigerung, einen Pferdehänger zu betreten, kann für ein Pferd lebensgefährlich sein: Wenn es schnell in eine Tierklinik transportiert werden muss, ist es absolut notwendig, dass es sich verladen lässt. Meist zählt dann jede Minute. Stundenlange Verladeversuche können wertvolle Zeit kosten und damit wirklich lebensbedrohend für das Pferd werden. Außerdem kann sich das Pferd beim Toben weiter verletzen, zum Beispiel wenn es von der Rampe abrutscht.

Sicher fahren

Achten Sie immer darauf, dass sich Ihr Pferd beim Fahren nicht verletzen kann. Fahren Sie ruhig und besonnen, schleichen Sie lieber um die Kurven und vermeiden Sie abrupte Bremsmanöver. Dann lernen die meisten Pferde schnell, dass die rollende Kiste gar nicht so unangenehm ist. Und mit einem ruhigen Kumpel im Hänger kann man auch nervöse Pferde ans Fahren gewöhnen. Richtig toll finden es manche, wenn sie etwas zum Knabbern im Hänger haben: Kauen beruhigt nämlich.

Sicher ist sicher

Zum Fahren sollte ein Pferd einen Beinschutz tragen. Das können spezielle Transportgamaschen sein oder, vor allem bei kleineren Pferden, für die es kaum passende Transportgamaschen gibt, Bandagen mit weichen Unterlagen.

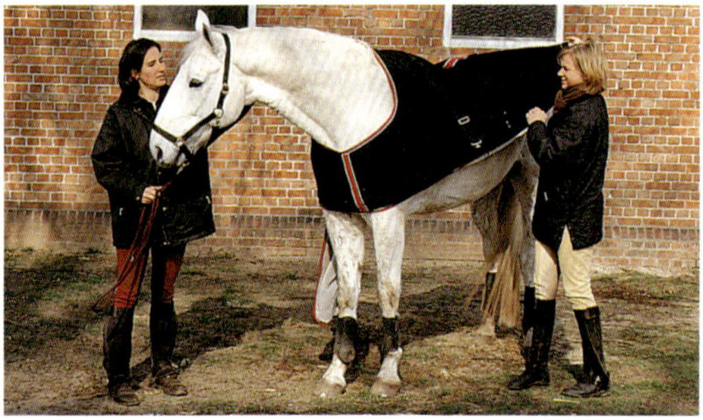

Angezogen

Wenn es kühler ist, sollte das Pferd zum Fahren eine leichte Decke übergezogen bekommen. Durch die Aufregung beim Fahren schwitzen viele Pferde schnell. Wenn sie dann einen Zug bekommen, können sie sich erkälten.
Bei schlechtem Wetter muss man auch darauf achten, eventuell das hintere Rollo zu schließen. Das Pferd sollte auf keinen Fall vom Regen durchnässt werden oder im Durchzug stehen. Achten Sie auch auf die vorderen Fenster und stellen Sie sie so ein, dass es nicht zieht.

Gute Aussichten

Lassen Sie Ihr Pferd doch einmal vorne aus dem Hänger herausschauen, wenn dieser steht. Es fühlt sich sicherer, wenn es sieht, wo es ist. Es gibt sogar Hänger, bei denen Sie große Türen vorne öffnen können. Lassen Sie das Pferd aber bei offener Tür nicht unbeaufsichtigt. Sollte es versuchen auszusteigen, kann es sich unter Umständen schwer verletzen.
Parkt man längere Zeit zum Beispiel auf einem Turnier, kann man auch die Plane hochrollen.

WUSSTEN SIE?

▸ Wer mit seinem Pferd immer nur auf anstrengende Turniere oder in die Tierklinik fährt, riskiert, dass es bald keine Lust mehr hat mitzufahren. Fahren Sie doch einfach mal zu einem gemütlichen Ausritt ins Nachbardorf oder auf eine etwas weiter entfernte Koppel!

Korrektes Ausladen

Eine Hängerfahrt ist immer ein bisschen aufregend: Geht alles gut? Steht das Pferd still? Gibt es hoffentlich keine langen Staus und nimmt einem bloß niemand die Vorfahrt, sodass man scharf bremsen muss? Wer sein Pferd sicher von einem Ort zum anderen gebracht hat, ist schon mal froh, wenn unterwegs nichts passiert ist. Nun muss das Pferd nur noch ruhig aussteigen, dann hat alles geklappt!

Pause

Wenn man sehr weite Strecken zurücklegen muss, dann sollte man das Pferd zwischendurch füttern und tränken. Bei langen Fahrten muss man das Pferd auch abladen und ihm eine Ruhepause ermöglichen. Am besten erkundigt man sich vor der Fahrt beim Veterinäramt, wie die aktuellen Bestimmungen lauten. Einfacher wird dies eventuell mit einem erfahrenen Spediteur, der schon über feste Abladestellen verfügt.

Luxusmodell

Besitzer eines Transporters haben es einfacher: Hier können die Pferde vorwärts aussteigen. Aber es gibt auch schon Pferdehänger, bei denen das möglich ist.
Vorwärts auszusteigen fällt vielen Pferden wesentlich leichter als rückwärts über eine klappernde oder rumpelnde Rampe zu gehen.
Aber auch wenn das Pferd vorwärts aussteigen kann, muss man vorsichtig sein, dass es nicht losstürmt. Hierbei könnten sich Pferd und Reiter leicht verletzen.

Bitte rauskommen!

So ist es richtig: Zuallererst wird das Pferd vorne losgemacht, dann erst darf man die Sicherheitsstange öffnen. Hinten an der Rampe steht ein Helfer, der das Pferd an der Seite berührt und dafür sorgt, dass es nicht seitlich von der Rampe rutscht. Am besten führt man das Pferd ruhig rückwärts. Wenn man alleine auslädt, löst man ebenfalls zuerst den Anbindestrick, geht dann nach hinten, öffnet die Stange und erlaubt dem Pferd mit einem Stimmkommando das Rückwärtsgehen.
Trainieren Sie, dass das Pferd gerade und langsam über die Rampe geht. Halten Sie es dazu ruhig auf der Rampe an, lassen Sie es warten und dann weitergehen.

Anja Schriever

Reiten lernen

Wie lerne ich reiten?

Im Grunde genommen handelt es sich um ein irres Vorhaben: Man klettert auf ein mehr als eineinhalb Meter hohes Lebewesen, das ohne Probleme in einem Bruchteil einer Sekunde von Null auf Hundert beschleunigen könnte, liefert sich diesem rund 500 Kilo schweren Vierbeiner aus und möchte sich von ihm tragen lassen. Glück gehabt: Pferde sind Vegetarier und betrachten uns Menschen nicht als Beute.

Immerhin scheint das Vorhaben „Reiten lernen" nicht ganz unmöglich zu sein, denn seit Jahrtausenden nutzen Menschen die Pferde zum Reiten: im Krieg, auf dem Feld, als Freizeitsport.

Neben dem sportlichen Reiz besteht die Faszination des Reitens darin, sich auf scheinbar wunderbare Weise dem Pferd verständlich zu machen. Das starke Pferd könnte mit uns machen, was es will, doch es akzeptiert uns als „Chef" und tut, was wir von ihm verlangen.

Damit dies wirklich so ist, müssen Reiter und Pferd mit Gefühl, Verstand und Muskeleinsatz kommunizieren. Nichts anderes passiert beim Reitenlernen. So mancher denkt am Beginn seiner Reiterlaufbahn, bevor er das erste Mal in den Sattel steigt, „das kann doch nicht so schwer sein. Bei den Könnern sieht es immer ganz leicht aus". Ob als Dressur- oder Springreiter, als Warmblut-, Pony- oder Gangpferdereiter, Harmonie zwischen Reiter und Pferd ist stets das oberste Ziel der Reitausbildung. Dabei wird es auf dem Weg dahin sicherlich ab und zu auch unharmonisch zugehen: Angstmomente, Frusterlebnisse, Muskelkater und vielleicht sogar ein paar blaue Flecken werden sich nicht vermeiden lassen.

Reiten lernen ist spannend, man erlernt nicht nur eine neue Sportart, sondern erfährt durch die enge Kommunikation mit dem Partner Pferd direkt die Auswirkungen des eigenen Auftretens. Wer reiten lernt, erfährt daher auch viel über sich selbst und seine Wirkung auf andere.

Wer einem Pferd unentschlossen oder nachlässig gegenübertritt, wird bald merken, dass das Pferd die Rolle des Leittiers einnimmt – eine Rolle, die wir als Reiter schon aus Sicherheitsgründen auf jeden Fall für uns selbst reservieren sollten. Auf eine umsichtige, aber konsequente Ansprache hingegen reagieren alle Pferde positiv.

Die sportliche Herausforderung beim Reiten darf nicht unterschätzt werden. Reiten kann anstrengend sein. Naturtalente sind selten; ohne regelmäßiges Training werden sich keine Fortschritte einstellen. Man braucht also Zeit und Energie, um weiterzukommen. Neben dem geeigneten Pferd sind ein passender Reitlehrer und eine angemessene Umgebung entscheidend für den Erfolg beim Reitenlernen. Brüllende Kommandogeber sind out – gefragt sind kompetente Reitausbilder mit dem notwendigen Fingerspitzengefühl im Umgang mit Mensch und Pferd. Reiten lernen ist aufregend, schweißtreibend, körperlich und mental fordernd und teilweise nicht ganz billig – doch der Lohn ist immerwährend: Wer einmal gelernt hat, sich in Harmonie mit dem Partner Pferd fortzubewegen, wird nicht mehr darauf verzichten wollen.

Reiten fängt im Kopf an

Immer mehr Menschen steigen im Erwachsenenalter erstmals in den Sattel. Die Gründe dafür sind vielfältig: Nicht selten ist es die Erfüllung eines lang gehegten Traums oder die spannende Chance, ein gemeinsames Hobby mit den Kindern auszuüben. Und so mancher Mann soll auch schon aus Liebe zur Lebensgefährtin den Pferderücken erklommen haben. Oft wächst aus der Beobachtung anderer Reiter der Wunsch, es ihnen gleichzutun. Pferde üben auf viele Menschen eine starke Anziehungskraft aus und so mancher wünscht sich, diesen Tieren näherzukommen. Mit der Entscheidung für das Reiten fängt ein aufregendes Kapitel an.

Muskeln und Möhren

Es passieren ungewöhnliche Dinge: Muskeln, die man zuvor nicht kannte, melden sich nach den Reitstunden mit einem leisen Ziehen. Pferdehaare finden sich nicht nur auf der Reithose, sondern auch im Auto, auf dem Sofa und in der Waschmaschine. Brotreste werden ab sofort sorgsam getrocknet, bei jedem Einkauf wandert ein Extra-Kilo Möhren in die Tüte.

Eine neue Perspektive

Die Gesprächsthemen ändern sich, Erfolgserlebnisse wollen ausgiebig geschildert, Frust muss verarbeitet werden. Auf Spaziergängen werden Pferdeweiden mit anderen Augen betrachtet. Im Fernsehen interessieren jetzt Sendungen über Pferdeflüsterer und Übertragungen von Reitturnieren.

Zweimal pro Woche

Der Terminkalender erhält eine neue Rubrik: Reitstunde. Ob abends nach der Arbeit oder vormittags, mindestens zwei Stunden sollte man einplanen für den Reitunterricht, die Vorbereitung und das Gespräch danach. Lassen es Kalender und

Budget zu, so sollte man als Anfänger möglichst an zwei Tagen pro Woche Reitunterricht nehmen. Denn gerade am Anfang gibt es eine Menge zu lernen.

Allein oder in der Gruppe

Anders als zum Beispiel das Fußballspielen ist das Reiten keine reine Teamsportart, man kann seine Reitstunden also individuell abstimmen. Dennoch macht es gerade am Anfang in der Gruppe mehr Spaß: Erfahrungen können so im geselligen Treffen nach der Reitstunde ausgetauscht, gemeinsame Pläne geschmiedet werden. Nicht selten werden Freundschaften unter den Reitern geschlossen, die auch über den Sport hinaus gepflegt werden. Vor allem reitende Männer können sich wie im Paradies fühlen: Auf einem durchschnittlichen Reiterhof sind rund 90 Prozent der Reiter weiblich.

Reiten lernen – ein Leben lang

Reiten ist eine echte Lifetime-Sportart. Vorschulkinder können beim Voltigieren oder Ponyreiten erste Erfahrungen auf dem Pferderücken sammeln. Reitstunden für Schulkinder und Jugendliche gehören seit jeher zum Pflichtprogramm jeder Reitschule. Doch hier ist einiges in Bewegung, viele Reitbetriebe bieten Unterricht für Erwachsene an: „Hausfrauenstunden", „Musikreiten" oder „Ü-30-Kurse" finden sich auf immer mehr Stundenplänen. Selbst für Senioren ist der Einstieg in den Reitsport möglich. Geführte Ausritte auf ruhigen Pferden oder Quadrillenstunden mit anschließendem Umtrunk sind bei Seniorenreitern sehr beliebt.

Für jedes Alter

Doch egal, in welchem Alter man mit dem Reiten beginnt: Der Prozess des Lernens ist nie abgeschlossen. Ponys oder Kleinpferde fühlen sich anders an als Großpferde; junge Tiere erfordern andere Fähigkeiten als ältere. Neue Lektionen wollen ausprobiert, Bekanntes muss regelmäßig gefestigt und aufgefrischt werden.

Realistische Selbsteinschätzung

Irren ist bekanntlich menschlich, doch beim Reiten kann eine Überschätzung der eigenen Fähigkeiten schwerwiegende Folgen haben. Wer noch nicht ausbalanciert und unverkrampft im Sattel sitzt und auch nicht mehrere Runden am Stück sicher galoppieren kann, sollte sich weder für die Springstunde noch für den Ausritt am nächsten Wochenende anmelden.

Passende Ziele

Bitten Sie Ihren Reitlehrer und die Mitreiter Ihres Vertrauens um eine aufrichtige Einschätzung Ihres Leistungsstandes. Setzen Sie sich Ziele, die sie erreichen können. „In drei Monaten möchte ich meinen ersten kleinen Sprung wagen", ist ein Wunsch, den

Sie sich mit gezieltem Training sicherlich erfüllen können. Sprechen Sie mit Ihrem Reitlehrer über Ihre Wünsche, damit er den Unterricht entsprechend gestalten kann.

Jedes Pferd ist eine neue Herausforderung

Wenn ein Reiter behauptet, er könne schon alles, so lügt er mit Sicherheit. Auch erfahrene Reiter geraten manchmal in Situationen, die sie zuvor noch nicht erlebt haben. Die Vielfalt der Rassen und das unterschiedliche Temperament der Tiere stellen den Reiter immer wieder vor neue Herausforderungen. Gerade das ist es, was den Reitsport so einzigartig macht.
Ein Grundsatz sollte jedoch nie vernachlässigt werden: Der noch unerfahrene Reiter benötigt ein erfahrenes Pferd; unerfahrene Pferde gehören nur in die Hände von erfahrenen Reitern.

WUSSTEN SIE?

- So manch kluger Leistungsreitsportler lässt sich regelmäßig von seinem Trainer an die Longe nehmen, um seinen Sitz zu verbessern.
- Videoaufzeichnungen von den Reitstunden sind aufschlussreich. Sieht man seinen eigenen Ritt auf dem Bildschirm, fallen Dinge auf, die man während des Reitens manchmal nicht bemerkt. In der Besprechung des Videos mit dem Reitlehrer lassen sich zukünftige Lernziele vereinbaren.

Fit genug?

Sportliche Menschen sind beim Reitenlernen oft im Vorteil. Wer über eine gute Grundkondition verfügt und seine Gliedmaßen kontrolliert koordinieren kann, bringt für den Sattel beste Voraussetzungen mit. Doch auch Nicht-Sportler haben gute Chancen, den Einstieg in den Reitsport zu meistern. Denn beim Reiten geht es nicht nur um Kraft und Technik, sondern auch um Einfühlungsvermögen und Verstand. Wenn die Waage ein paar Kilo zu viel anzeigt, so ist das kein generelles K.O.-Kriterium für das Reiten. Viele Reitschulen halten für solche Kunden „Gewichtsträger", also große kräftige Pferde bereit. Verfolgen Sie jedoch ein ehrgeiziges sportliches Ziel, so sollten Sie den überflüssigen Pfunden ab sofort den Kampf ansagen.

Reiten kann bei Rückenschmerzen helfen

„Seitdem ich reite, habe ich keine Rückenschmerzen mehr", hört man häufig von Reitern. Das stimmt, wenn man in der Lage ist, aufrecht und elastisch zu sitzen. Denn dann übertragen sich die rhythmischen Bewegungen des Pferdes auf die Rückenmuskulatur des Reiters. Dabei lockern sich die Muskeln, nicht selten verschwinden Verspannungen. Ein weiterer positiver Effekt: Eine gestärkte Rückenmuskulatur entlastet die Wirbelsäule. Ist der Sitz des Reiters hingegen steif und holprig, wird die Wirbelsäule als Stoßdämpfer stark strapaziert. Wenn Sie Probleme mit den Bandscheiben haben, sollten Sie mit Ihrem Arzt besprechen, ob Reiten wirklich der richtige Sport für Sie ist.

Reiten als Therapie

Das gutmütige und edle Wesen der Pferde macht es möglich, dass auch behinderte Menschen große Erfolgserlebnisse auf dem Pferderücken erleben können. Reiter mit körperlichen und geistigen Handicaps schöpfen viel Kraft aus der gemeinsamen Bewegung und dem liebevollen Umgang mit dem Pferd – vorausgesetzt, der Reitlehrer ist geschult im therapeutischen Unterricht.

Die Stressbremse

Das freudige Schnauben des Pferdes bei der Begrüßung, der Kontakt mit dem warmen Fell, die rhythmischen Bewegungen an der frischen Luft – all das sind echte Stresskiller. Eine gelungene Reitstunde oder ein geselliger Ausritt sind ein wirkungsvolles Entspannungsprogramm. Der Hauptgrund für die wachsende Zahl der Reiteinsteiger dürfte sein: Reiten macht glücklich.

WUSSTEN SIE?

- Geraten Sie beim Reiten schnell aus der Puste, empfiehlt sich ein zusätzliches Konditionstraining wie Jogging oder Rad fahren.
- Gerade im Bereich des Beckens sind viele Reitanfänger nicht ausreichend beweglich. Schwingende Gymnastikübungen – regelmäßig angewandt – können hier mittelfristig für Abhilfe sorgen und tun auch sonst gut.
- Eine verkürzte Muskulatur im Bereich der Lendenwirbel und der Oberschenkelinnenseiten sind heutzutage durch überwiegend sitzende Tätigkeiten sehr häufig. Beides erschwert einen losgelassenen, unverkrampften Reitersitz. Regelmäßige Dehnungsübungen helfen – nicht nur beim Reiten.

Partner Pferd

Bevor Sie mit dem Reiten anfangen, sollten Sie sich im Klaren darüber sein: Ein Pferd ist kein Tennisschläger. Unser Sport- und Freizeitpartner ist ein Lebewesen, dessen Bedürfnisse wir achten müssen. Um gute Reiter zu werden, müssen wir nicht nur unsere Körper trainieren. Horsemanship erfordert auch, dass wir wichtige Regeln im Umgang mit Pferden beherrschen und auch sonst über Pferdewissen verfügen. Dies sollten wir schon zu unserer eigenen Sicherheit tun: Denn wer will sich mit einem 500 oder mehr Kilo schweren Gegner anlegen?

Die Sprache der Pferde

In der freien Natur leben Pferde in der Herde. Hier herrscht eine klare Rangordnung. Für unseren Umgang mit dem Pferd bedeutet dies: Wir Menschen müssen die Rolle des Herdenführers einnehmen. Wir sind ein verlässlicher Chef und kommunizieren deutlich. Wir beweisen, dass wir vertrauenswürdig sind.

Gewaltlos

Im Umgang mit dem Pferd zeigen wir klar die Grenzen auf, die unser Pferd nicht überschreiten darf. Dafür setzen wir deutliche Stimmkommandos und Gesten ein. Gewalt ist grundsätzlich tabu. Wir loben das Pferd für alles, was es gut macht – ein kurzes Lob ist mehr wert als jede Strafe.

Gegenseitiger Respekt

Im jahrhundertelangen Zusammenleben von Pferden und Menschen gab es viele Höhen und Tiefen. Sportliche Höchstleistungen belegen immer wieder eindrucksvoll, welche faszinierenden Ergebnisse aus der Harmonie zwischen Mensch und Pferd entstehen können. Was immer Pferde unter dem Sattel vollbringen: Sie tun es für uns.

WUSSTEN SIE?

- **Pferde sind Steppentiere**

Ein frei lebendes Pferd bewegt sich bis zu 19 Stunden am Tag. Achten Sie bei der Wahl Ihrer Reitschule darauf, dass die Schulpferde neben dem Reitbetrieb regelmäßig mit anderen Pferden auf die Weide kommen. Denn nur auf ausgeglichenen Pferden ist das Reiten sicher und macht Freude.

Ohne Zwang

Doch es gibt auch Schattenseiten: Zweifelhafte Trainingsmethoden oder Boxenhaltung ohne Auslauf sind heute zwar selten geworden, aber sehr wohl noch vorhanden. Menschliche Ungeduld, gepaart mit übersteigertem Ehrgeiz und mangelnder Selbstkritik, macht so manchem Pferd das Leben zur Hölle. Wenn im Umgang mit dem Pferd einmal etwas nicht so klappt, wie Sie es sich vorstellen: Suchen Sie den Fehler zunächst bei sich selbst, bevor Sie das Pferd dafür verantwortlich machen. Vielleicht hat es nicht verstanden, was Sie von ihm wollen oder ist körperlich überfordert?

Keine Angst

Angst ist eine natürliche Reaktion auf Dinge, die uns gefährlich erscheinen. Beim Reiten können wir zunächst vieles mangels Erfahrung nicht richtig einschätzen: Wird das Pferd gleich losstürmen? Oder den Kopf zwischen die Vorderbeine stecken und die Hinterbeine in die Luft werfen? Angst vor Kontrollverlust und vor Schmerzen sind Schutzfunktionen unseres Körpers, mit denen jeder Reiter irgendwann konfrontiert wird. Das ist normal, und jeder kann lernen, damit umzugehen.

Gegen das Bauchgrimmen

Die Reitstunde steht bevor, der Puls steigt, und im Bauch grummelt es auch schon? Versuchen Sie, sich vor der Reitstunde zu entspannen. Vermeiden Sie möglichst, gestresst aufs Pferd zu steigen. Planen Sie ausreichend Zeit zur Vorbereitung der Reitstunde ein. Hektische Anspannung kann sich auf das Pferd übertragen.

Übungen gegen die Unsicherheit

Ein sicheres Pferd ist der beste Lehrmeister. Sollten Sie ängstlich sein, sprechen Sie dies gegenüber Ihrem Reitlehrer offen an. Er wird darauf eingehen und Ihnen ein erfahrenes Lehrpferd zuteilen. Bitten Sie auch Ihre Mitreiter, Rücksicht zu nehmen.

Nutzen Sie die Schrittphase am Anfang der Reitstunde und atmen Sie tief und regelmäßig. Achten Sie vor allem darauf, auch gut wieder auszuatmen. Lassen Sie Ihre Arme locker kreisen, führen Sie die rechte Hand nach links hinter den Sattel und umgekehrt. Ordnen Sie Ihre Gedanken und überlassen Sie sich dem Schrittrhythmus des Pferdes.

WUSSTEN SIE?

- **Pferde sind Fluchttiere**

Ist ihnen eine Situation unheimlich, greifen sie nicht an, sondern suchen das Weite. Das sollten wir Reiter berücksichtigen: Führen Sie Ihr Pferd behutsam an fremde Gegenstände oder eine neue Umgebung heran. Zeigen Sie ihm alles Neue entschlossen, aber in Ruhe, so können Sie vermeiden, dass es sich erschreckt.

- **Pferde sind Herdentiere**

Gemeinsam sind sie mutig. Eher ängstliche Pferde werden in Gesellschaft cooler Kollegen ausgeglichener. Das Reiten in der Gruppe ist daher für Pferd und Reiter entspannend. Bei Ihrem ersten Ausritt empfiehlt sich deshalb der Platz hinter einem ruhigen und souveränen Pferd.

Ganz locker

Lockern Sie zu Beginn der Reitstunde Ihren Kiefer, indem Sie ihn zwei Minuten lang unterschiedlich schnell zur Seite und nach unten bewegen. Die sprichwörtlichen „zusammengebissenen Zähne“ können Sie damit wirkungsvoll vermeiden. Summen Sie leise vor sich hin. Das beruhigt Sie selbst und gefällt auch dem Pferd.

Konsequent und geduldig

Pferde mögen Menschen. Sie sind gute Zuhörer und bemühen sich redlich, uns zu verstehen. Dabei sehen sie in uns Artgenossen – und sprechen daher in ihrer Sprache mit uns. In der Herde sowie im Umgang mit den Menschen ist die Rangordnung entscheidend: Wenn sich Ihr Pferd nach dem Reiten ausgiebig an Ihnen schubbert, so heißt dies nur eines: „Ich halte dich, lieber Mensch, für ein rangniedriges Tier oder einen Baum, also darf ich mich hier nach Belieben scheuern.“ Solche vermeintlichen Liebesbeweise sollte man daher konsequent unterbinden. Machen Sie Ihrem Pferd von Anfang an klar, dass Sie als Ranghöherer Wert auf Distanz legen.

Grenzen setzen

Kleine Machtspiele gehören zum Pferdealltag. Ein Pferd, das mit dem Huf scharrt und nach einem Leckerchen bettelt, ist noch relativ harmlos. Ernster wird es, wenn das Pferd aus Respektlosigkeit beim Putzen versucht, Sie zur Seite zu drängen. Hier muss konsequent gelten: Wehret den Anfängen!

Nein!

Ein deutliches „Nein“ oder „Hör auf“ ermahnt das Pferd zum Gehorsam. Reicht das nicht aus, muss die Dosis der Ermahnung gesteigert werden: Werden Sie lauter, richten Sie sich gerade auf und unterstreichen Sie Ihre Warnung durch eine drohende Geste oder ein Zupfen am Strick.

Loben Sie das Pferd dann mit einem kurzen „Brav!“, wenn es das gewünschte Verhalten zeigt. Für Pferde ist es sehr wichtig zu wissen, was von ihnen verlangt wird. Sie lernen vor allem durch Lob.

Lob kommt immer an

Pferde sind keine Demokraten, lassen Sie sich also nicht auf langwierige Diskussionen ein. Gewöhnen Sie es sich an, in kurzen, eindeutigen Worten mit Ihrem Pferd zu sprechen. Ein kurzes „Brav“ oder „gut gemacht“ in lobendem Ton wird vom Pferd mit Sicherheit richtig verstanden. Es merkt sich, dass Sie mit seiner Reaktion einverstanden waren und wird dieses Verhalten wiederholen. Wichtig ist, dass Sie konsequent bleiben: Was heute verboten ist, sollte morgen nicht erlaubt sein.

WUSSTEN SIE?

- Dank der seitlich am Kopf liegenden Augen sehen Pferde wesentlich mehr als Menschen. Nur direkt vor ihrem Kopf sowie hinter dem Körper haben sie einen toten Winkel. Möchten Sie mit dem Pferd kommunizieren, stellen Sie sich also nicht direkt vor seine Nase, sondern an seine Seite, hier kann es Sie am schärfsten erkennen.

Aber bitte mit Gefühl

Eines ist schon aufgrund der unterschiedlichen Gewichtsklassen klar: Als Mensch ist man rein kräftemäßig jedem Pferd unterlegen. Umso wichtiger ist es, das Pferd auf seine Seite zu bringen. Beweisen Sie ihm jeden Tag aufs Neue, dass Sie ein verantwortungsvoller Partner sind. Nehmen Sie Rücksicht auf seine Bedürfnisse und sorgen Sie dafür, dass es ihm gut geht. Das gilt nicht nur für Pferdebesitzer und Stallbetreiber, sondern auch für Reitschüler: Achten Sie zum Beispiel darauf, das Pferd nicht beim Fressen zu stören und ihm vor dem Reiten eine Verdauungspause zu gönnen. Schleichen Sie sich nicht leise in die Box, sondern sprechen Sie das Pferd freundlich an, damit es sich nicht vor Ihnen erschreckt. Ziehen Sie den Sattelgurt nicht gleich zu Anfang mit aller Kraft fest, sondern gurten Sie zunächst vorsichtig. Oft sind es nur Kleinigkeiten, die den Unterschied machen. Machen Sie es sich zur Regel, diese Dinge konsequent zu befolgen – aus Achtung vor dem Pferd.

Streicheleinheiten

Manche Pferde, vor allem Wallache, sind echte Schmusetiere. Streicheln Sie das Pferd zwischen den Augen, wenn Sie Ihre Zuneigung zeigen möchten. Einige Pferde mögen es besonders, wenn sie hinter den Ohren gekrault werden. Testen Sie dies zunächst behutsam.

Danke!

Pferde sind bestechlich: Wer sich nach einer schönen Reitstunde mit ein paar Möhren bedankt, wird in guter Erinnerung behalten. Klären Sie zuvor mit dem Besitzer des Pferdes, ob er damit einverstanden ist, dass Sie dem Pferd etwas Belohnungsfutter

geben. In machen Ställen ist dies unerwünscht, um Futterneid und daraus entstehende Streitigkeiten unter den Pferden erst gar nicht entstehen zu lassen. Gerade bei Schulpferden kann der Streit um ein Leckerli unangenehme Folgen haben.

WUSSTEN SIE?

- Studieren Sie die unterschiedliche Mimik der Pferde und nehmen Sie darauf Rücksicht. Angelegte Ohren sind eine deutliche Warnung, teilweise gefolgt vom Ausschlagen oder Schnappen: „Bleib' bloß weg, ich bin schlecht gelaunt!"
- Ein Pferd mit nach vorne gerichteten Ohren und weit geöffneten Augen ist gut aufgelegt und bringt Ihnen sein Vertrauen entgegen: „Hallo, was wollen wir heute machen?"
- Ein dösendes Pferd erkennt man an entspannt zur Seite hängenden Ohren, halb geschlossenen Augen und einer Schlabberlippe. Überfallen Sie es nicht, sondern geben Sie ihm einen Moment Zeit, wach zu werden.

Die passende Reitschule

Sage mir, wo du reitest, und ich sage dir, wer du bist. In der Tat sind individuelle Vorlieben entscheidend für die Wahl einer Reitschule. Der eine mag die rustikale Atmosphäre auf einem Bauernhof und nimmt gerne in Kauf, dass er dort im Winter im Matsch steht. Ein anderer legt Wert auf eine komfortable Anlage für sportliche Ziele.

Auch die angestrebte Reitweise spielt eine Rolle: Möchte ich Westernreiter werden, eine klassische Ausbildung erfahren oder gar in einer Isländerreitschule auf Gangpferden reiten? Oft entscheiden auch andere Kriterien über die Wahl der Reitschule: Ein Hof in der Nähe, auf dem man bereits Reiter kennt, ist für den Anfang sicherlich eine pragmatische Lösung.

Schnupperstunden

In vielen Gegenden gibt es inzwischen ein beachtliches Angebot an Reitschulen. Wenn Sie sich nicht sofort festlegen möchten, vereinbaren Sie Probeunterricht auf mehreren Reithöfen. Dann können Sie am besten beurteilen, welche Schule Ihren Vorstellungen entspricht. Ganz wichtig: Sie müssen sich in Ihrer zukünftigen Reitschule wohlfühlen, denn hier werden Sie demnächst einen nicht unerheblichen Teil Ihrer Freizeit verbringen.

Ausreiten

Wer den Reitunterricht in Halle und Platz schnell hinter sich bringen möchte, um im Gelände auszureiten, muss den Reiterhof nach besonderen Kriterien aussuchen. Ist er ans öffentliche Reitwegenetz angebunden? Werden geführte Ausritte angeboten? Steht Geländetraining auf dem Stundenplan? Ist eine Geländestrecke mit Hindernissen vorhanden? Und vor allem: Gibt es gelassene und verkehrssichere Pferde?

Ferienkurse

Reiten lernen im Urlaub ist sehr beliebt. Viele Ferienreitschulen in landschaftlich schönen Regionen bieten Intensivkurse an, bei denen täglich mehrmals geritten wird. Häufig steht auch theoretischer Unterricht auf dem Stundenplan. Einsteiger- und Abzeichenkurse gehören hier ebenfalls zum Standardprogramm. Der intensive Kontakt zum Pferd in entspannter Urlaubsstimmung in einer netten Gruppe macht diese Form des Reitens und natürlich auch die des Lernens besonders reizvoll.

WUSSTEN SIE?

▸ Deutsche Reitvereine sind in der Deutschen Reiterlichen Vereinigung (FN) organisiert. Jeder Landesverband hat eine eigene Landesreitschule. Ihre Aufgabe ist es, die deutsche Reitlehre zu pflegen und zu verbreiten. Ihr Angebot ist vielfältig: Hier werden Vorträge zu speziellen Ausbildungsthemen gehalten, aber auch viel praktischer Unterricht angeboten. Ein Ausflug dorthin lohnt sich.

Ein guter Reitlehrer

Die Erwartungen an einen Reitausbilder sind hoch: Freundlich sollte er – oder sie – sein. Auch kompetent. Nicht rumschreien, sondern gut erklären können muss er. Moderne Unterrichtsmethoden sollte er verinnerlicht haben. Er muss erkennen, wie es uns geht und was wir heute erwarten. Er muss uns fördern, darf uns aber nicht überfordern.

Er sollte immer mal wieder eine Abwechslung in den Unterricht einbauen und nicht nur kritisieren, sondern vor allem auch loben, besonders die Pferde! Selbstverständlich muss er gut organisieren können, damit alles wie am Schnürchen klappt. Sie haben die Wahl, also nutzen Sie sie. Vorbehalte gegen den Ausbilder behindern den Lernprozess erheblich.

Motivierendes Vorbild

Ein Motivationskünstler wäre hilfreich, damit wir bei der Stange bleiben. Gut reiten können sollte er natürlich auch, damit wir ihn bewundern können. Kluges Vorbild muss er sein, nicht nur für Kinder. Gefragt ist ein einfühlsamer Allround-Profi – keine ganz leichte Aufgabe also. Nehmen Sie sich Zeit, den richtigen Ausbilder zu finden.

Pferdewirte

Scheuen Sie sich nicht, erkundigen Sie sich ruhig, welche Ausbildung Ihr zukünftiger Reitausbilder hat. Berufsreitlehrer haben eine mehrjährige Lehre in einem professionellen Reitbetrieb hinter sich, die von umfangreichen Theoriekursen begleitet wird. Sie endet mit der Prüfung zum „Pferdewirt Schwerpunkt Reiten" an der Deutschen Reitschule in Warendorf.

Amateurreitlehrer

Neben den hauptberuflichen Profis gibt es viele Amateurreitlehrer, die sogenannten Trainer. Trainer C unterrichten hauptsächlich im Einsteigerbereich, Trainer B und A sind für speziellere Aufgaben ausgebildet. Ein Trainerlehrgang an einer Landesreitschule dauert in der Regel drei Wochen und endet mit einer Prüfung vor einem Richtergremium. Um ihre Lizenz zu verlängern, müssen Trainer regelmäßig Fortbildungsveranstaltungen besuchen.

Berittführer

Ihre Aufgabe ist es, Reiter an das Geländereiten heranzuführen und Ausritte zu organisieren. Auch für diese Ausbildung ist ein Kurs an einer Landesreitschule mit abschließender Prüfung erforderlich.

Die Chemie muss stimmen

Eine bestandene Ausbilderprüfung ist natürlich keine Garantie dafür, dass die Chemie zwischen Reitschüler und Reitlehrer stimmt. Manch ein engagierter und beliebter Unterrichtender hat keine offizielle Ausbilderqualifikation. Doch sehen Sie genau hin: Ist der Unterricht systematisch aufgebaut, sind die Lernziele und Methoden erkennbar? Machen die Reitschüler Fortschritte?

Geeignete Lehrpferde

Eine Reitanlage kann noch so beeindruckend sein, ein Trainer noch so sympathisch: Wenn keine geeigneten Schulpferde zur Verfügung stehen, ist man hier als Reitschüler nicht richtig. Gute Schulpferde sind die besten Lehrmeister für den Reiter. Ein waches Schulpferd verzeiht Fehler, signalisiert dem Schüler auf seinem Rücken gleichzeitig jedoch deutlich, ob er seine Sache richtig macht. Ein gutes Lehrpferd zu finden, ist manchmal gar nicht so leicht: Es sollte ruhig sein, um keinen „Blödsinn" mit dem Reiter anzustellen, gleichzeitig sollte es aber auch sensibel genug sein, die Lektionen beherrschen und seine Arbeit in der Reitbahn motiviert erledigen.

Gesundheit geht vor

Werfen Sie einen kritischen Blick auf die Pferde: Sind die Tiere gut genährt oder kann man die Rippen sehen? Ist das Fell glänzend oder matt? Sind die Hufe gepflegt oder ausgefranst? Pferde, die lahmen, gehören nicht in die Reitbahn, sondern zum Tierarzt. Leider nimmt man es gerade damit nicht in allen Reitbetrieben so genau. Schauen Sie sich die Pferde im Schulbetrieb an: Sind die Bewegungen der Beine taktklar, oder „hinkt" ein Pferd? Ein lahmendes Pferd empfindet Schmerzen und hat ein Recht auf einen „Krankenschein".

Sattelzeug

Poröses oder angerissenes Leder ist ein Sicherheitsrisiko beim Reiten. Prüfen Sie deshalb: Sind Sattel und Trense intakt und gepflegt? Satteldecken und -gurte müssen sauber sein, damit sie keine Scheuerstellen hinterlassen. Wunde Stellen in der Sattellage sind ein Alarmzeichen: Dieses Pferd wurde mit unpassendem Sattelzeug geritten oder nicht richtig gesattelt. Ein Pferd, das unter einer offenen Wunde am Widerrist oder in der Gurtlage leidet, darf unter keinen Umständen geritten werden.

WUSSTEN SIE?

▸ Auch wenn Reitschulen und Reitlehrer wirtschaftlich denken müssen, so dürfen sie niemals gegen Paragraf 1 des Tierschutzgesetzes verstoßen: „Niemand darf einem Tier ohne vernünftigen Grund Schmerzen, Leiden oder Schäden zufügen."

Gut ausgebildet

Kluge Reitlehrer bilden ihre Lehrpferde nicht nur gut aus, sondern reiten sie auch regelmäßig Korrektur. Das hilft den Pferden, ihren Bewegungsapparat in Form zu halten, und freut den Kunden, denn auf einem korrekt ausgebildeten Pferd macht das Reiten am meisten Freude.

Reizvolle Vielfalt

Ein Haflinger fühlt sich beim Reiten anders an als ein Warmblut oder ein Vollblut. Für den Reiteinsteiger ist es spannend, Pferde verschiedener Größen und Rassen auszuprobieren. Auch wenn sicherlich schon nach einigen Wochen das Lieblingspferd gefunden ist: Den größten Lernfortschritt machen Reiteinsteiger, wenn sie unterschiedliche Pferde reiten. Auch wer eine Reitbeteiligung hat oder ein eigenes Pferd besitzt, sollte gelegentlich „umsatteln".

Reitschul-Check

Viele Dinge sind entscheidend bei der Bewertung einer Reitschule, doch das Hauptaugenmerk sollte immer auf einer artgerechten Pferdehaltung liegen. Haben die Pferde ausreichend Auslauf auf Paddock und Weide? Betriebe, die ihre Schulpferde nur im Stall halten, sollte man nicht unterstützen. Denn nur ausgeglichene Pferde machen unter dem Sattel Freude. Achten Sie darauf, dass die Boxen groß und hell sind, dass die Stallgasse ausreichend breit und rutschfest ist, dass viel Tageslicht und frische Luft in den Stall gelangt. In einem Pferdestall darf es keinesfalls nach Ammoniak riechen! Übrigens: Ständerhaltung ist in Deutschland seit einigen Jahren verboten. Seien Sie kritisch: Das Angebot ist groß genug.

Die Anlage

Wenn Sie auch im Winter reiten möchten, sollte auf jeden Fall eine Reithalle vorhanden sein. Manche Anlagen verfügen auch über zwei Hallen, sodass zum Beispiel Abteilungsunterricht und Longenstunden gleichzeitig stattfinden können. Gibt es ein Reiterstübchen mit Heizung oder ein Kasino für ein geselliges Beisammensein nach dem Unterricht? Machen die Sattelkammer und der Stall einen ordentlichen Eindruck?

WUSSTEN SIE?

- Reitschulen, die der Deutschen Reiterlichen Vereinigung (FN) angeschlossen sind, werden von dieser kategorisiert und bewertet. Eine Info-Tafel gibt Aufschluss über die Art des Angebots.
- Das Reitermagazin „Cavallo" testet in jeder Ausgabe Reitschulen, bewertet sie kritisch und zeigt Missstände auf.

Der Reitplatz

Ein gepflegter Reitplatz ist die Visitenkarte jeder Reitschule. Er sollte mindestens 20 mal 40 Meter groß und eingezäunt sein. Sein Zustand verrät oft viel über die Qualität des Betriebs. Ist der Belag sauber, glatt und ohne größere Löcher? Der Hufschlag sollte nicht zu tief und ausgetreten sein, da dies den Pferden die Arbeit sehr erschwert.

Hingehen und hinsehen

Sehen Sie sich den Reitunterricht als Gast an, bevor Sie Ihre erste Reitstunde buchen. Sagt Ihnen der Unterrichtsstil und die Atmosphäre zu? Entsprechen das Stundenangebot, die Zeiten und die Preise Ihren Vorstellungen? Gibt es genügend gleichaltrige Mitreiter? Verabreden Sie zunächst einige Probereitstunden.

Haltung und Fütterung

Sind die Boxen sauber und trocken? Wie oft wird gemistet? Wird täglich frisch eingestreut? Fragen Sie, wie oft gefüttert wird. Da Pferde Dauerfresser sind, sollten sie dreimal täglich Kraftfutter (Hafer, Müsli oder Pellets) und zweimal täglich Raufutter (Heu oder Silage und Stroh) erhalten, dazu muss ständig frisches Wasser vorhanden sein.

Die Kosten

Zugegeben: Ganz billig ist der Reitsport nicht. Reitunterricht gibt es selten im Sonderangebot, denn Anlage, Lehrer und Pferde verursachen laufende Kosten, die durch die Einnahmen aus dem Reitunterricht gedeckt werden müssen. Die Preise für Reitstunden variieren zum Teil erheblich: Für Longen- und Abteilungsstunden müssen Sie ungefähr mit 15 bis 20 € rechnen, für Einzelunterricht mit 25 bis 35 €, je nach Trainer auch mit mehr. Ponystunden für Kinder sind teilweise günstiger, auch Zehnerkarten oder die Mitgliedschaft in einem Verein können Nachlässe bringen. Denken Sie auch an die Kosten für die Grundausstattung des Reiters: Für Helm, Gummireitstiefel, Reithose, Handschuhe und Gerte sollten Sie gut 200 € einplanen.

Halbe Kosten

Im Einzelunterricht kann sich der Reitlehrer intensiv um den Reitschüler kümmern, doch die 1:1-Betreuung hat auch ihren Preis. Günstiger und trotzdem individuell ist es, wenn sich zwei Reiter eine Einzelstunde teilen.

Reitbeteiligung

Privatpferd statt Schulpferd? Wer bereits sicher im Sattel sitzt, kann eine Reitbeteiligung in Erwägung ziehen: Gegen eine Beteiligung an den Kosten bieten viele Pferdebesitzer Reitern die Möglichkeit, das eigene Pferd an einigen Tagen in der Woche zu reiten und zu betreuen. Es empfiehlt sich, die Art der Reitbeteiligung schriftlich festzuhalten. Tipp: Die FN bietet dafür eine Vertragsvorlage an.

WUSSTEN SIE?

- In Deutschland ist die Reiterei mit den Schwerpunkten Zucht, Sport, Ausbildung und Freizeit auch ein wichtiger Wirtschaftszweig: Statistisch betrachtet, schaffen drei Pferde einen Arbeitsplatz. Deutsche Pferde und die deutsche Reitlehre sind ein Exportschlager.
- Planen Sie die Anschaffung eines eigenen Pferdes, so müssen Sie je nach Region und Unterbringungsart mit monatlichen Kosten von rund 400 bis 600 € rechnen, für Stallmiete, Weide, Futter, Tierarzt, Hufschmied, Ausrüstung und Unterricht.
- Die Kosten für eine Reitbeteiligung können unterschiedlich ausfallen. Rechnen Sie mit rund 70 € pro Monat, wenn Sie zweimal wöchentlich reiten.

Preiswerte Reitartikel

Da das Reiten inzwischen sehr viele Kunden anspricht, wird Reitzubehör ab und zu auch bei Discountern angeboten. Ob Ihnen die Qualität hier ausreicht, entscheiden Sie am besten von Fall zu Fall vor Ort. Achten Sie besonders auf die Verarbeitung und die Passform, denn Reitkleidung ist besonderer Beanspruchung ausgesetzt.

Gebraucht und online

Manche Reitfachgeschäfte bieten auch gebrauchte Artikel an. Besonders bei Reitstiefeln oder Sicherheitswesten kann sich ein Vergleich lohnen. Im Internet werden in Shops und auf Auktionsbörsen Reitartikel angeboten. Hier sind Schnäppchen möglich, solange Sie sich der generellen Risiken des Einkaufens im Internet bewusst sind.

Die richtige Ausrüstung

Bei langjährigen Reitern nimmt die Reitgarderobe manchmal die Hälfte des Kleiderschranks ein. Doch das muss nicht sein: Für den Anfang ist eine bequeme und sichere Grundausstattung ausreichend. Wenn man sich unsicher ist, ob der Reitsport wirklich das Hobby der Wahl ist, kann man die ersten Reitversuche auch problemlos ohne spezielle Reitbekleidung absolvieren. Am allerwichtigsten ist eine gute Reitkappe: Fragen Sie in der Reitschule nach, ob Sie für die Schnupperstunde einen passenden Reithelm leihen können. Als Hose empfiehlt sich eine nicht zu enge Jeans, am besten ohne innen liegende Nähte, um Scheuerstellen zu vermeiden. Und: Lassen Sie Ihren neuen Designer-Pulli im Schrank. Nach dem Besuch auf dem Reiterhof wird er wunderbar nach Pferd duften…

Schuhe…

Für den Anfang müssen es keine Reitstiefel sein: Wanderschuhe oder Stiefeletten eignen sich in der Regel gut für die ersten Reitversuche. Wer weitermachen will, kann sich entscheiden zwischen einer Kombination aus Reitstiefeletten plus Lederchaps oder klassischen Reitstiefeln.

…oder Stiefel?

Sportlich ambitionierte Reiter landen in der Regel früher oder später bei Lederreitstiefeln, denn diese bieten die beste Schenkellage und einen hohen Schutz. Leider haben sie auch ihren Preis: Neue Stiefel kosten ab 150 €, nach oben sind hier vor allem bei Maßanfertigungen kaum Grenzen gesetzt.

Gebrauchte Stiefel sind deutlich günstiger zu haben, doch sie müssen passen!

Reithose

Stiefelträger benötigen eine klassisch geschnittene Reithose mit engem Bein und Klettabschluss für den perfekten faltenfreien Sitz im Stiefel. Diese gibt es in unterschiedlichen Schnitten, von der Hochbund- bis zur Hüfthose. Bewährt haben sich atmungsaktive, elastische Stoffmischungen aus Baumwolle und Elasthan.

Wenn Sie Stiefeletten bevorzugen, ist eine Jodhpur-Reithose mit breitem Bein die richtige Wahl. Diese Hosen sind meistens sehr bequem; am Beinabschluss haben sie einen Gummizug, den man über die Stiefeletten stülpt, damit das Hosenbein beim Reiten nicht hochrutschen kann.
Bei beiden Varianten kann man sich zwischen Knieleder oder Ganzlederbesatz entscheiden. Ganzlederbesatz bietet eine bessere Haftung am Sattel, Knieleder ist in der Regel etwas günstiger. Eine neue Reithose kostet zwischen 50 und 150 €.

Aber sicher!

Es ist kein Geheimnis: Das Risiko beim Reiten besteht darin, vom Pferd zu fallen. In der Regel gehen diese Stürze glimpflich ab – vorausgesetzt, man trägt einen gut sitzenden Reithelm. Hat man sich für den Reitsport entschieden, ist ein gut passender Helm erste Pflicht. Reithelme gibt es ab 40 €, für einen Profi-Helm können es auch 200 € und mehr werden.

Achten Sie auf jeden Fall beim Kauf Ihres Helms darauf, dass er die Sicherheitsnorm EN 1384 erfüllt und TÜV-geprüft ist. Ein kleines Schild im Helminneren informiert über die Prüfzertifikate. Über die Qualität von Reithelmen können Sie sich auch bei der Stiftung Warentest informieren; manchmal führen Reitsportmagazine ebenfalls Tests durch.

Passend und bequem

Seien wir ehrlich: Niemand trägt seinen Reithelm wirklich gerne. Die Frisur wird zerknautscht, und man schwitzt schnell in den Hartschalen. Umso wichtiger ist es, dass der Helm gut passt, nicht rutscht und ausreichend belüftet ist.
Damit auch im Falle des Falles nichts wackelt, muss der Helm eine Drei- oder Vierpunktbefestigung haben. Ältere Modelle mit einem einfachen Kinnriemen (Zweipunktbefestigung) entsprechen nicht mehr der aktuellen Sicherheitsnorm.

Handschuhe

Damit Sie keine Schwielen an den Händen bekommen und der Zügel nicht durch die verschwitzten Finger rutscht, sollten Sie beim Reiten immer Handschuhe tragen.

WUSSTEN SIE?

- Turnschuhe sind fürs Reiten ungeeignet, da sie keinen Absatz haben und man mit ihnen in den Steigbügeln hängen bleiben kann.
- Wer sich in der Nähe von Pferden aufhält, ob als Besucher oder Reiter, sollte auf jeden Fall festes Schuhwerk tragen. Flipflops oder Sandalen sind tabu – ein Pferdehuf kann schmerzhafte Spuren hinterlassen.
- Denken Sie daran, vor dem Reiten Schmuck, Halstücher, Schals und Kapuzen abzunehmen – dies sind klassische Unfallquellen. Schließen Sie auch Jacken und Westen, damit Sie nirgendwo hängen bleiben.

Das gilt auch beim Führen eines Pferdes, denn ein plötzlich durch die Hand gezogener Führstrick oder Zügel kann unangenehme Brandblasen hinterlassen.

Sicherheitswesten

Sie sind vor allem beim Ausreiten und Springen empfehlenswert und schützen die Wirbelsäule und die Schultern. Wichtig ist eine perfekte Passform: Lassen Sie sich in einem Fachgeschäft ausführlich beraten und achten Sie darauf, dass die Weste die Norm EN13158-2000 erfüllt. Für Kinder dürfen Sicherheitswesten nicht zu groß gekauft werden. Wenn sie den Nacken behindern oder im Sattel anstoßen, ist ihre Wirkung kontraproduktiv und außerdem werden sie dann nicht gern getragen. Eine gebrauchte gut passende Weste ist in so einem Fall die bessere Wahl.

Modische Vielfalt

Wer Spaß an schicker Mode hat, ist im Reitsportfachgeschäft richtig. Weil Reiten eine Menge mit Stil und Ästhetik zu tun hat, legen viele Reiter Wert auf ein gepflegtes Äußeres. Bei welchem anderen Sport trägt man sonst schwarze Jacketts und weiße Blusen oder gar elegante Melonen bei den Turnieren und Wettbewerben? Reitartikelhersteller bieten wie Modedesigner jedes Jahr zwei Kollektionen an, jeweils in den aktuellen Farben und Schnitten. Ob kariert oder uni, gewagt-rosa oder klassisch-blau: Für jeden Geschmack gibt es ein Outfit. Getoppt werden kann das nur noch durch die passenden Satteldecken und farblich abgestimmte Bandagen.

Schick und praktisch

Natürlich soll sie schick sein, aber vor allem ist es wichtig, dass Reitbekleidung bequem und praktisch ist. Wobei „bequem“ nicht mit „weit“ zu verwechseln ist: Schlabberlook ist out, die Kleidung sollte körpernah sitzen. Nur dann kann der Reitlehrer Sitzfehler genau erkennen. Auch die Pferde nehmen unsere Gesten besser wahr, wenn wir nicht in wallenden Stoffen versinken.

Funktionsbekleidung

Wie bei anderen Sportarten auch, hat sich Funktionsbekleidung in den letzten Jahren im Reitsport mehr und mehr durchgesetzt. „Atmungsaktiv“ und „bi-elastisch“ lauten hier die Zauberworte. Diese Stoffe transportieren Körperwärme nach außen und halten die Haut trocken. Außerdem sind sie bequem und pflegeleicht.

Alle Wetter

Pferde wollen auch bei schlechtem Wetter versorgt werden: Wasserdichte Reitjacken oder Regenmäntel sind dann unerlässlich. Beliebt für den Einsatz bei Wind und Wetter sind vor allem Wachsstoffe und moderne Kunstfasern. Achten Sie hier besonders auf die Verarbeitung der Nähte und ein gut belüftetes Innenfutter.

Kariert?

Manche Reiter haben eine besondere Neigung zu karierten Stoffen. Karierte Strümpfe oder Socken sind ein Klassiker, und auch karierte Reithosen, Sattel- oder Abschwitzdecken werden mehr und mehr zum Longseller. Ob dieses Muster für die eigene Figur bzw. für das Pferd vorteilhaft ist, muss jeder selbst entscheiden.

Umgang und Pflege

Es mag auf den ersten Blick praktisch erscheinen, wenn man ein fertig geputztes und gesatteltes Pferd zur Reitstunde in Empfang nehmen kann. Wer reiten lernt, sollte jedoch Wert darauf legen, den Umgang mit dem neuen Sportpartner zu üben. Bitten Sie Ihren Reitlehrer oder erfahrene Reitkollegen, Ihnen zu zeigen, wie man ein Pferd putzt, wie man es führt und anbindet und wie man sattelt. Einmal zuzuschauen reicht in der Regel nicht, denn mal streckt das Pferd seinen Kopf in die Höhe, mal will es einen Huf nicht heben. Üben Sie daher regelmäßig und an unterschiedlichen Pferden. Dann werden Sie es sich schon bald nicht mehr nehmen lassen wollen, diese Schritte selbst zu erledigen.

Guten Tag!

In der Regel müssen Sie das Ihnen zugeteilte Pferd zunächst aus seiner Box holen. Gehen Sie entschlossen, aber freundlich zur Box, sprechen Sie das Pferd in normalem Tonfall an, öffnen Sie die Tür zur Hälfte. Ein allzu vorsichtiges Heranschleichen ist nicht angebracht: Möglicherweise erschreckt sich das Pferd, da es Sie nicht gehört hat. Oder es ignoriert Sie und dreht Ihnen sein Hinterteil zu. Machen Sie von Anfang an unmissverständlich klar, dass Sie ernst genommen werden möchten.

In Schulterhöhe

Betreten Sie nun die Box; das geöffnete Halfter und den Führstrick haben Sie dabei. Stellen Sie sich neben die linke Schulter des Pferdes, mit Blick nach vorn. Hier sind Sie sicher: Denn das Vorderbein des Pferdes kann nach vorne oder hinten, nicht aber zur Seite ausschlagen.

Das Halfter anlegen

Heben Sie ruhig Ihre rechte Hand und legen Sie sie auf den Kopf des Pferdes oberhalb der Nüstern, unterhalb der Augen. So vermeiden Sie, dass das Pferd seinen Kopf nach oben strecken kann. Stülpen Sie den

WUSSTEN SIE?

- Das Pferd wird vom Boden aus immer von der linken Seite „bedient". Alle Schnallen an Halfter, Trense und Sattel schließt man auf dieser Seite.

Nasenriemen des geöffneten Halfters über das Maul, dann ziehen Sie den Genickriemen über die Ohren. Manche Pferde sind an den Ohren empfindlich, gehen Sie vorsichtig vor. Jetzt müssen Sie nur noch die Schnalle auf der linken Seite schließen – geschafft! Ein kleiner Tipp: die „Bedienseite“ des Pferdes ist immer links. Wenn Sie mal nicht sicher sind, wie Sie das Halfter halten müssen, achten Sie darauf, dass die offene Schnalle nach links zeigt. Gleiches gilt übrigens auch für die Trense.

Aus der Box führen

Haken Sie den Führstrick in den unter dem Kinn befindlichen Ring des Halfters so ein, dass er nach unten zeigt. Falls die Boxentür noch nicht ganz geöffnet ist, schieben Sie sie jetzt vollständig auf. Machen Sie es sich zur Regel, genau zu überprüfen, ob die Tür komplett geöffnet ist – ein zu enger Durchgang ist gefährlich! Führen Sie das Pferd nun aus der Box, indem Sie auf der linken Seite etwas vor ihm hergehen.

Anbinden und Führen

Beim Führen übernimmt der Mensch in der Tat eine „führende“ Rolle: Er geht links auf Schulterhöhe und gibt Tempo und Richtung vor. Das Pferd darf Sie weder überholen, noch den Kopf nach unten strecken, um zum Beispiel an einem Grashalm zu knabbern. Aus Sicherheitsgründen gilt: Solange geführt wird, sind Sie der Chef.

Fassen Sie den Führstrick mit der rechten Hand circa 15 Zentimeter unterhalb des Halfters an, das Strickende halten Sie in der linken Hand. Achten Sie darauf, dass keine Stolperfallen in Form von Schlingen oder Knoten entstehen. Das Strickende darf nicht baumeln, sondern sollte gleichmäßig aufgenommen werden.

Das Pferd wenden

Richtungswechsel beim Führen wollen sorgsam geübt werden, viele Reiter machen sie am Anfang instinktiv falsch. Die Grundregel: Das Pferd wird immer vom Führenden weg gewendet, damit die eigenen Füße nicht in Gefahr geraten. Führen Sie also auf der linken Seite, wenden Sie das Pferd in einem Bogen nach rechts. Zur Unterstützung der Wendung heben Sie den linken Arm und gehen zügig nach vorne rechts.

Sicher anbinden

Zum Putzen und Satteln binden Sie das Pferd mit dem Führstrick an den dafür vorgesehenen Ringen oder Anbindebalken an. Sind keine Anbindevorrichtungen vorhanden, so können Sie das Pferd auch an dem Gitter einer Box anbinden, jedoch nicht an der Tür. Grundsätzlich gilt: Nie an beweglichen Teilen, sondern nur an befestigten, massiven Wänden anbinden. Achten Sie auf eine Umgebung ohne Stolperfallen: Besen, Eimer, Schubkarren, Mistgabeln etc. sollten in jedem Fall außerhalb der Reichweite des Pferdes stehen.

Anbindeknoten

Lassen Sie sich den Anbindeknoten vorführen und üben Sie ihn mehrmals. Der Strick muss so befestigt werden, dass Sie ihn im Notfall mit einem einzigen Ruck wieder öffnen können. Daher wird dieser Knoten auch als Sicherheitsknoten bezeichnet.

WUSSTEN SIE?

- Wickeln Sie den Führstrick auf gar keinen Fall um Ihre Hand!
- Falls das Pferd sich erschreckt und wegstürmen will, lassen Sie den Strick los. Ihre eigene Sicherheit geht immer vor: Sie werden ein Pferd nicht mit Ihrer Körperkraft festhalten können.
- Tabu ist es, einen Hund oder gar ein Kind an der anderen Hand zu halten.
- Tragen Sie feste Schuhe und Handschuhe!

Fellpflege

Das Putzen eines Pferdes ist mehr als reine Saubermacherei: Es dient auch zur Gesunderhaltung und ist eine willkommene Gelegenheit zur hautnahen Kontaktaufnahme. Wer sein Pferd intensiv putzt, lernt es in Ruhe kennen. Kleine Wunden oder die lästigen Zecken werden oft erst beim Putzen entdeckt. Pferde genießen es, gebürstet zu werden. Gleichzeitig regt die Bürstenmassage auf sanfte Weise den Kreislauf des Pferdes an. Und für uns Reiter ist das Putzen eine gute Aufwärmübung vor dem Reiten. Nehmen Sie sich Zeit dafür. Übrigens: In einem gut geführten Reitstall hat jedes Pferd seine eigene Putzkiste.

Weg mit dem Dreck

Schlamm von der Weide, Staub aus dem Stall – hier hilft nur eine komplette Grundreinigung. Entfernen Sie zunächst mit einem Gummistriegel oder einer Wurzelbürste den groben Dreck aus dem Fell. Beginnen Sie oben am Hals. Bürsten Sie mit langen, ruhigen Bewegungen in Fellrichtung. An verkrusteten Stellen können Sie mit kreisenden Bewegungen das Fell etwas aufrauen.

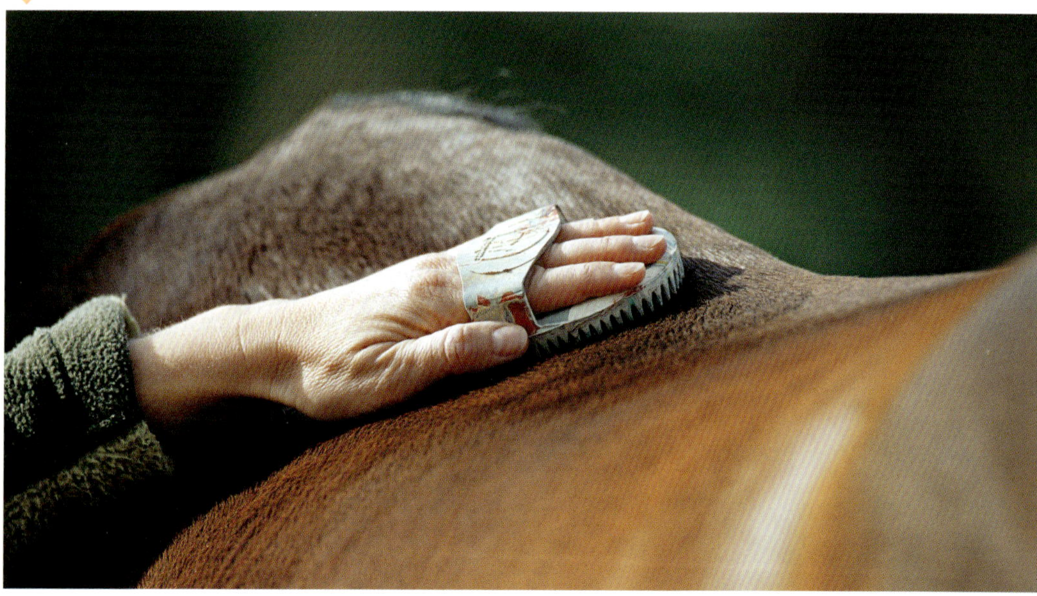

Glanzpolitur

Der zweite Putzdurchgang erfolgt mit einer Kardätsche. Bürsten Sie in Fellrichtung, bis kein Staub mehr im Fell vorhanden ist. Sattel- und Gurtlage bedürfen besonderer Sorgfalt, schon kleine Dreckpartikel können hier unter dem Reitergewicht Scheuerstellen hervorrufen.

Die empfindlichen Stellen

Alle weniger bemuskelten Körperpartien wie Kopf und Gliedmaßen reinigen Sie nur mit einer weichen Bürste. Augen und After wischen Sie jeweils mit einem feuchten Schwamm oder einem feuchten Tuch ab.

WUSSTEN SIE?

- Pferde sollten nicht in der Box geputzt werden. Nur so können Sie vermeiden, dass das Pferd mit dem Futter Dreck frisst und einatmet. Staub ist eine Hauptursache für Atemwegserkrankungen bei vielen Pferden.
- Fegen Sie den Dreck nach dem Putzen zusammen und bringen Sie ihn auf den Misthaufen oder in die eigens dafür bereitstehende Schubkarre. Kehren Sie den Dreck keinesfalls in die nächste Pferdebox!

Mähne und Schweif

Mähne und Schopf sind ein Fall für eine langborstige Mähnenbürste. Sind die Haare verfilzt, sprühen Sie sie vor dem Bürsten mit Mähnenspray ein. Zupfen Sie das Stroh aus dem Schweif mit den Fingern heraus. Achten Sie darauf, keine Schweifhaare auszureißen: Es dauert bis zu sieben Jahre, bis ein Schweifhaar seine volle Länge erreicht hat. Wer die Mähne zusätzlich mit einem Kamm frisieren möchte, sollte sie zuvor gründlich bürsten, sodass keine Knoten mehr vorhanden sind, sonst wird die Prozedur für das Pferd unangenehm.

Hufpflege

Wer die Hufpflege vernachlässigt, riskiert die Gesundheit seines Pferdes. „No hoof, no horse“ lautet ein englisches Sprichwort. Gewöhnen Sie es sich an, alle vier Hufe regelmäßig vor und nach dem Reiten auszukratzen. Dabei kontrollieren Sie auch, ob sich zum Beispiel kleine Steine festgesetzt haben, ob das Hufeisen fest sitzt oder ob der Huf verletzt ist. Das Aufheben eines Pferdehufes ist zunächst eine ungewohnte Angelegenheit, doch mit ein bisschen Übung schon bald kein Problem mehr. Bitten Sie den Reitlehrer oder einen Reitkollegen, es Ihnen zu zeigen. Legen Sie Wert darauf, es selbst zu lernen. Gehen Sie ruhig, aber bestimmt vor.

Erst vorne ...

Beginnen Sie mit den Vorderhufen. Stellen Sie sich neben die Schulter des Pferdes und fassen Sie das Pferdebein circa zehn Zentimeter oberhalb des Hufes an. Manche Pferde geben die Hufe bereitwillig, andere kennen das Kommando „Huf!“. Bei Problemen hilft ein Druck gegen die Pferdeschulter, dann entlastet das Pferd das Bein und der Huf kann leichter angehoben werden.

Vorsicht am Hufstrahl

Räumen Sie mit dem Hufkratzer zunächst den losen Dreck aus dem Huf; anschließend säubern Sie die diagonalen, tiefer liegenden Strahlfurchen gründlich. Der Hufstrahl befindet sich in der Hufmitte; er ist dreieckig, und im Gegensatz zum Hufhorn weich, gut durchblutet und empfindlich. Er darf nur vorsichtig abgebürstet werden.

...dann hinten

Die Hinterhufe anzuheben, ist anfangs etwas schwieriger. Heben Sie den Huf wie vorne an, und ziehen Sie das Hinterbein vorsichtig etwas nach hinten. Sie können den Huf jetzt auf Ihrem Knie abstützen, um Ihren Rücken beim Auskratzen zu entlasten. Bitten Sie bei den ersten Versuchen einen Helfer, das Hinterbein anzuheben.

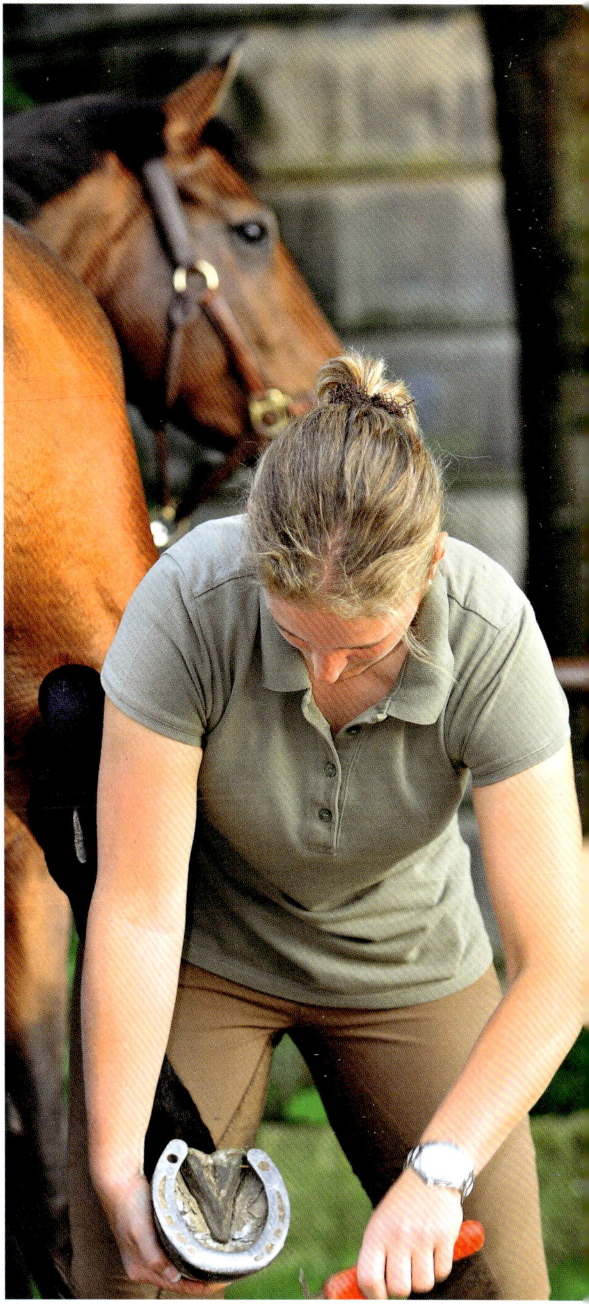

WUSSTEN SIE?

- Ein unbeschlagenes Pferd nennt man Barfußgänger. Der Hufschmied schneidet die Hufe alle sechs bis acht Wochen aus, je nach Hornwachstum.
- Viele Pferde tragen Hufeisen, da sich das Hufhorn bei der täglichen Arbeit im Sand oder auf hartem Boden schneller abnutzt, als es nachwächst. Hufeisen müssen alle acht bis zehn Wochen vom Schmied erneuert werden.

Satteln und Trensen

Ein am Halfter angebundenes Pferd wird zuerst gesattelt, dann getrenst. Bei einem nicht angebundenen Pferd geht man in umgekehrter Reihenfolge vor: Zuerst wird die Trense angelegt, dann gesattelt. Hat man die erforderlichen Handgriffe einmal begriffen, dauert das Satteln und Trensen nur wenige Minuten. Dennoch ist es sehr wichtig, hier größte Sorgfalt walten zu lassen. Ein falsch liegender Sattel schränkt das Pferd in seiner Bewegung ein und fügt ihm Schmerzen zu. Satteldruck ist dann die Folge, dieser macht ein Pferd oft über mehrere Wochen unreitbar. Daher wird sich ein verantwortungsvoller Reitlehrer vor Beginn des Reitunterrichts stets selbst davon überzeugen, dass mit Sattel und Trense alles in Ordnung ist.

Flott getrenst

Stellen Sie sich neben die linke Pferdeschulter, und legen Sie zunächst die Zügel über den Hals. Begrenzen Sie – wie beim

Halftern – den Pferdekopf mit Ihrer rechten Hand. In dieser Hand halten Sie auch die Trense. Schieben Sie nun mit der linken Hand das Gebiss der Trense in das Pferdemaul. Öffnet das Pferd sein Maul nicht freiwillig, können Sie nachhelfen, indem Sie Ihren linken Daumen in die zahnlosen Laden des Pferdemauls stecken.
Ziehen Sie nun das Genickstück über die Ohren. Sitzt die Trense, schnallen Sie zunächst das Reithalfter so zu, dass es nah am Kopf anliegt; zwischen Kopf und Nasenriemen sollte ein Finger passen. Danach wird der Kehlriemen geschlossen, hier beträgt der Abstand zwischen Kopf und Riemen eine Handbreite.

WUSSTEN SIE?

- Im Anfängerunterricht erleichtern Hilfszügel wie der einfache Ausbindezügel oder ein Dreieckszügel Pferd und Reitern das Leben. Diese Zügel werden frühestens direkt vor dem Aufsteigen oder besser nach einigen Runden im Schritt verschnallt.
- Damit der Sattel auf dem Pferderücken nicht rutscht, muss vor dem Aufsteigen und circa fünf Minuten später nachgegurtet werden. Manchmal ist ein weiteres Nachgurten nach dem ersten Trab erforderlich.

Faltenfrei satteln

Legen Sie den Sattel gleichzeitig mit der am Sattel befestigten Satteldecke von links circa eine Handbreit hinter den Widerrist auf den Pferderücken. Liegt der Sattel noch zu weit vorn, also auf der Schulter des Pferdes, können Sie ihn mitsamt Decke in Fellrichtung nach hinten ziehen. Liegt er jedoch zu weit hinten, müssen Sie ihn erneut anheben.
Schieben Sie den Sattel nie gegen die Fellrichtung, das Fell muss stets glatt unter der Decke liegen.
Schließen Sie den Sattelgurt zunächst locker. Achten Sie darauf, dass die Steigbügel nach oben geschoben sind.

Das erste Mal aufs Pferd

Die erste Reitstunde ist etwas ganz Besonderes: Nicht immer schön, manchmal sogar schmerzhaft und auf jeden Fall ziemlich aufregend. Und das auch noch vor Zuschauern! Bleiben Sie cool, da müssen Sie jetzt durch. Ihre Premiere auf dem Pferderücken wird mit Sicherheit jede Menge Gesprächsstoff bieten. Plötzlich erscheint einem das Pferd recht hoch, ob man da wohl ohne Blamage hochkommt? Und wie lange man oben bleiben wird? Kann man sich hier eigentlich irgendwo festhalten? Vor dem Ritt verschwinden Sie am besten noch mal auf das stille Örtchen. Auch empfiehlt es sich, vor dem Reiten keine großen Mahlzeiten zu sich zu nehmen, denn mit vollem Magen reitet es sich nicht gut.

Aufgeregt? Normal!

Das Herzklopfen ist eine ganz normale Sache. Dabei ist das erste Mal völlig ungefährlich: Statistisch gesehen fällt so gut wie kein Reitschüler in der ersten Reitstunde vom Pferd. Ihr Reitlehrer wird für eine ruhige Atmosphäre sorgen, ein erfahrenes Pferd ausgesucht haben und Sie behutsam an die neuen Bewegungen in ungewohnter Höhe heranführen.

Aufsteigen ...

Vor dem Aufsteigen setzen Sie vorsorglich Ihre Reitkappe auf und schließen den Riemen. Auch die Handschuhe sollten Sie jetzt schon tragen. Zunächst müssen die Steigbügel in die für Ihre Beine passende Länge gebracht werden.

WUSSTEN SIE?

- Das Aufsitzen aus erhöhter Position, z. B. von einem Hocker, ist für den Reiter bequemer und für den Pferderücken schonender als der schwungvolle Aufstieg vom Boden. Deshalb sind in vielen neuen Reithallen ausklappbare Aufstiegshilfen eingebaut. Im Freien leisten ein Baumstumpf oder eine kleine Mauer ebenso gute Dienste.

Als Faustregel kann gelten: Der Bügel samt Riemen sollte etwa so lang sein wie Ihr ausgestreckter Arm. Zum Aufsteigen stellen Sie sich neben die linke Schulter des Pferdes, mit Blick nach hinten. Treten Sie nun mit dem linken Fuß in den linken Steigbügel. Damit dieser nicht herumbaumelt, können Sie ihn mit der rechten Hand festhalten. Nun schwingen Sie langsam das rechte Bein hoch und über den Sattel.

Platz nehmen

Das Pferd ist Ihnen dankbar, wenn Sie sich bemühen, nicht abrupt in den Sattel zu plumpsen, sondern behutsam Platz zu nehmen. Nun müssen Sie nur noch den rechten Fuß in den Steigbügel stecken. Die Steigbügel sollten jeweils unter dem Fußballen platziert sein.

... und absitzen

Nehmen Sie zunächst beide Füße aus den Steigbügeln, schwingen Sie das rechte Bein über den Sattel und lassen sich vorsichtig an der linken Pferdeseite nach unten gleiten. Zu viel Schwung beim Absitzen führt zu einer Landung auf dem Po. Traditionellerweise steigt der Reiter an der linken Seite des Pferdes ab. Üben Sie jedoch auch das Absitzen nach rechts: Das ist eine spannende Übung für Ihre Koordinationsfähigkeit.

Longenunterricht

Über Gas und Bremse müssen Sie sich an der Longe keine Gedanken machen. Auch die Zügel brauchen Sie noch nicht zu halten. Der Reitlehrer übernimmt die Führung: Dazu läuft das Pferd auf einem Zirkel an einer circa acht Meter langen Leine, der Longe. Bei Ihren ersten Reitversuchen können Sie sich so ganz auf Ihren Sitz konzentrieren. Schließlich kommen eine Menge neuer Eindrücke gleichzeitig auf Sie zu. Doch keine Sorge: Das Reitenlernen an der Longe ist eine sichere Sache. Das Tempo ist eher gemächlich, und die Richtung stimmt auch.

Locker lassen

Jetzt heißt es: Locker bleiben und bequem hinsetzen. Nur mit unverkrampften Muskeln ist ein geschmeidiger Sitz möglich. Atmen nicht vergessen! Der Reitlehrer wird im Schritt erste Übungen mit Ihnen machen; so wird er Sie zum Beispiel auffordern, die Arme nach oben zu strecken und locker kreisen zu lassen. Trauen Sie sich auch einmal, eine Runde lang die Augen zu schließen. Nicht blinzeln!

Leichttraben

Haben Sie sich einige Minuten an die Höhenluft gewöhnt, folgt in der Regel eine Runde Trab. Dieser wird Ihnen am Anfang mit Sicherheit recht holprig vorkommen. Traben kann man auf zwei Weisen: Im Aussitzen, dabei bleibt das Gesäß des Reiters im Sattel, was für Anfänger aber zunächst kaum zu bewältigen ist. Begonnen wird daher üblicherweise mit dem Leichttraben: Hierbei steht der Reiter im Takt des Trabes auf, und setzt sich wieder, auf und ab, auf und ab. Dabei kann es hilfreich sein, im Takt mitzuzählen: Eins, zwei, eins, zwei, eins, zwei ... Später geht's dann (fast) von allein.

Falscher Fuß?

Zu einem späteren Zeitpunkt werden Sie anfangen darauf zu achten, „auf dem richtigen Fuß" leichtzutraben. Um das innere Hinterbein des Pferdes zu entlasten und den Schwung beim Aufstehen optimal zu nutzen, stehen Sie auf, wenn die äußere Schulter des Pferdes vorgeht und nehmen wieder Platz, wenn sie zurückgeht.

WUSSTEN SIE?

- Das Reiten an der Longe ist eine deutsche Erfindung und trägt unserem Bedürfnis nach Sicherheit Rechnung.
- In den angelsächsischen Ländern finden Reitstunden häufig im Gelände statt. Der Reitanfänger sitzt auf einem ruhigen Pferd, dieses wird als Handpferd von einem erfahrenen Reiter auf einem zweiten Pferd mit einem Strick geführt. So reitet man nebeneinander in der Natur und kann sich unterhalten, was zur Entspannung beiträgt.
- In manchen deutschen Reitschulen wird diese Methode auch angeboten. Erkundigen Sie sich, ob die Reitschule Ihrer Wahl auch Handpferderitte anbietet, sie sind ein besonderes Erlebnis.

Der erste Galopp

Nur Fliegen ist schöner: Die meisten Reiteinsteiger haben wegen der höheren Geschwindigkeit oft etwas Respekt vor dem ersten Galopp, können danach aber meistens nicht genug davon bekommen. Denn im Galopp sitzt es sich bequem; der Dreitakt holpert wesentlich weniger als der Trab. Ein bisschen fühlt man sich an ein Schaukelpferd erinnert.

Im Galopp ist der Raumgriff des Pferdes am größten. Da es sich um eine schwungvolle Gangart handelt, ist es am Anfang schwierig, das Gesäß im Sattel zu halten, oft wird man zu Beginn bei jedem Galoppsprung etwas aus dem Sattel gehoben. Das gibt sich jedoch mit der Zeit. Hier hilft nur: üben, üben, üben. Das Ziel ist, geschmeidig der Bewegung des Pferdes zu folgen.

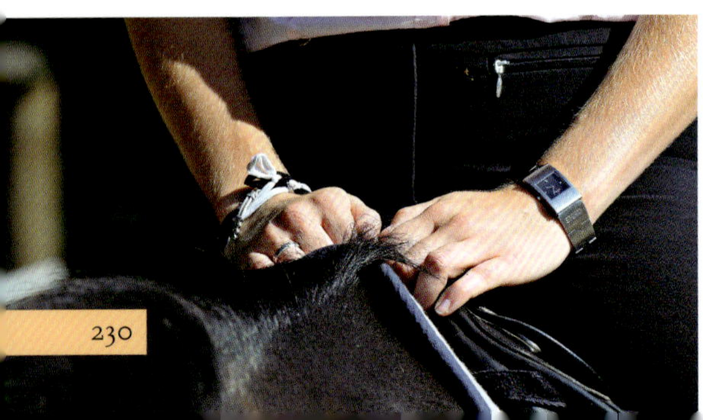

Maria hilf!

Um beim Galoppieren nicht Opfer der Fliehkraft zu werden, sollte man vor dem Angaloppieren vorne in die Sattelkammer greifen und sich dort festhalten. Einige Sättel besitzen dort einen sogenannten „Maria-Hilf-Riemen“, an dem man sich im Galopp gut festhalten kann. Die Zügel sind zum Festhalten nicht geeignet.

Ohne Arme

Wer schon ein wenig gefestigt im Sattel sitzt, kann im Galopp an der Longe die Arme zur Seite strecken und versuchen, sich nur durch die Verlagerung seines Gewichtes im Sattel auszubalancieren. Dies ist eine gute Übung, um das für das Reiten so wichtige Balancegefühl zu schulen. Trauen Sie sich!

WUSSTEN SIE?

- Der Schritt ist ein Viertakt. Das können Sie genau hören, wenn ein Pferd über den Asphalt läuft. Es gibt keinen Schwebemoment, das heißt, mindestens ein Bein ist immer auf dem Boden.
- Der Trab ist ein Zweitakt mit einer Schwebephase. Die diagonalen Beinpaare bewegen sich gleichzeitig. Beobachten Sie die Fußfolge der Pferde vom Boden aus, so wissen Sie im Sattel, welche Bewegung zu erwarten ist.
- Der Galopp ist eine Abfolge von Sprüngen im Dreitakt mit einem Moment der freien Schwebe. Deshalb wird bei Dressurküren für die Galopptour gerne ein Walzer gewählt.

Der Übergang zum Trab

Eine Runde Galopp ist für den Anfang genug. Besser sind Wiederholungen. Sie führen auch dazu, dass man sich an den recht schwierigen Moment des Übergangs zum Trab gewöhnt. Der Gangartwechsel bringt einen anderen Rhythmus mit sich, der Reiter muss sich neu in die Bewegung des Pferdes einfühlen.

Ohne Sattel

Bitten Sie Ihren Reitlehrer, einmal ohne Sattel zu galoppieren, zum Beispiel nur mit einem Voltigiergurt. Das ist einfacher als es sich anhört und führt dazu, dass Sie den Bewegungsablauf des Pferdes besser wahrnehmen und nachvollziehen können. Das Reiten mit Sattel wird Ihnen danach viel einfacher vorkommen.

In der Abteilung

Haben Sie die Longenstunden – erst mit, dann ohne Zügel – erfolgreich hinter sich gebracht und können Sie in allen drei Gangarten ausbalanciert sitzen, folgt normalerweise der Unterricht in der Abteilung. Hier unterrichtet der Reitlehrer mehrere Reiter in der Reitbahn gleichzeitig, die Pferde laufen hintereinander her. Auf einem erfahrenen Schulpferd ist das gar nicht so schwer, denn wahrscheinlich kennt es seinen Platz in der Abteilung und folgt als Herdentier brav seinen Kollegen. Jetzt heißt es, Hufschlagfiguren zu lernen und die richtigen Hilfen zu geben.

Hufschlagfiguren

Ein Zirkel hat keine Ecken, ein Handwechsel kann durch die Länge der Bahn oder über die Mittellinie erfolgen, die Bögen einer Schlangenlinie sollen gleichmäßig eingeteilt werden – ganz schön viel kommt auf den Abteilungsneuling zu. Zum Glück wird der Reitlehrer einen erfahrenen Reiter an den Anfang der Abteilung – die sogenannte Tête – setzen.

WUSSTEN SIE?

- In der Reitbahn gibt es einige Vorfahrtsregeln, die beim freien Durcheinanderreiten Zusammenstöße vermeiden. Wer rechtsherum reitet, weicht Reitern auf der linken Hand aus.
- Im Schritt wird der Hufschlag grundsätzlich freigehalten, wenn andere Reiter traben oder galoppieren.
- Wer die Reithalle betritt oder verlässt, ob mit Pferd oder ohne, kündigt dies durch einen deutlichen Ruf „Tür frei bitte“ an und wartet auf die Antwort „Tür ist frei“.

Abstand halten

Damit in einer Abteilung von Pferden kein Chaos ausbricht, ist jeder Reiter dafür verantwortlich, ausreichenden Sicherheitsabstand zum Vorderpferd zu halten. „Eine Pferdelänge“ nennt man den gewünschten Abstand. Das bedeutet konkret, dass theoretisch zwischen Ihnen und Ihrem Vorreiter ein weiteres Pferd Platz haben könnte. Dieser Abstand verhindert, dass die Pferde sich bedrängt fühlen und eventuell ausschlagen. Kommt es zum Einzelgalopp, ist auch unbedingt auf einen ausreichenden seitlichen Abstand zu achten. So kann man eventuelle Streitereien unter den Pferden von vornherein vermeiden.

Einzeln reiten

Wesentlich schwieriger als das Abteilungsreiten ist das freie Reiten ohne Vorderreiter. Gangart, Tempo und Richtung müssen dabei selbstständig bestimmt werden. Trotzdem empfiehlt sich der Einzelunterricht auf einem geeigneten Lehrpferd auch für Reitanfänger, denn der Lernfortschritt ist in der Regel größer als beim Abteilungsreiten. Sie werden bald merken: Beim Alleinereiten müssen Sie sich wesentlich mehr konzentrieren als beim Mitreiten in einer Abteilung. Das kann anfangs ganz schön anstrengend sein, Sie lernen aber auch eine Menge dabei.

Ganz schön anstrengend

Dass Reiten nicht anstrengend sei, da ja schließlich das Pferd die ganze Arbeit mache, ist eines der hartnäckigen Vorurteile, die Nicht-Reiter über die Reiterei auf den Lippen haben. In der Tat: Bei einem gemütlichen Ausritt im Schritt verbraucht man weniger Energie als bei einer zünftigen Wanderung auf demselben Weg. Dressur- und Springstunden sind jedoch Sport pur für Reiter und Pferd: Die Anforderungen an Ausdauer, Kraft und Koordination sind beachtlich. Wer es ernst meint mit dem Reitsport, sollte sich einen individuellen Trainingsplan zur schrittweisen Leistungssteigerung überlegen. Lassen Sie sich auch von Ihrem Reitlehrer beraten.

Muskeln

Obwohl das Reiten mehr statische als dynamische Belastungen fordert, sind fast alle Muskeln in Aktion. Bei leichter bis mittlerer Belastung erfolgt die Energieverbrennung im Muskel mit Sauerstoff (aerob), bei Steigerung der Intensität und Dauer der Belastung, zum Beispiel beim Springen oder einem längerem Galopp, tritt der anaerobe Stoffwechsel (ohne Sauerstoff) im Muskel in Kraft. Hierbei wird vermehrt Milchsäure (Laktat) ausgeschüttet, was zu einer Ermüdung des Muskels und einer Leistungsminderung führt – das Ergebnis ist der gefürchtete Muskelkater.

Systematisches Training

Wer Fortschritte erzielen will, sollte sowohl die Trainingsdauer als auch die Trainingshäufigkeit langsam steigern. Das kann konkret bedeuten: Statt 20 Minuten Longenunterricht steigern Sie sich anfangs auf eine 45-minütige Abteilungsstunde, später vielleicht sogar auf einen zweistündigen Ausritt.

Herz, Kreislauf, Atmung

Quantität und Qualität Ihrer Trainingseinheiten sind entscheidend für Ihre individuelle Leistungssteigerung. Haben Sie zum Beispiel das Ziel, in zwei Monaten an einem Springkurs oder einem flotten Geländeritt teilzunehmen, so sollten Sie sechs bis acht Wochen zuvor anfangen, sich darauf systematisch vorzubereiten.

Belastung und Entlastung

Systematische Wiederholungen sind wichtig, schwierige Dinge wie beispielsweise das Leichttraben, müssen regelmäßig wiederholt und langsam gesteigert werden. Dabei sollten Sie darauf achten, dass sich Belastungs- und Entlastungsphasen abwechseln. Traben Sie zunächst nur eine Minute leicht, in zwei Wochen schaffen Sie vielleicht schon drei Minuten am Stück, und in einem halben Jahr macht es Ihnen nichts aus, minutenlang im Leichttraben durch den Wald zu reiten. Ein solches Training stärkt das Herz-Kreislauf-System und erhöht das Lungenvolumen. Ziel ist hierbei eine Verkürzung der Regenerationsphase.

Übungen ohne Pferd

In jeder anderen Sportart ist es üblich, dass sich die Sportler vor dem eigentlichen Training systematisch aufwärmen. Reitsportler haben dies lange völlig vernachlässigt. Zwar wurde stets auf eine sorgsame Aufwärmung des Pferdes Wert gelegt, doch eine ausreichende Vorbereitung des Muskel- und Gelenkapparates des Menschen fand meistens nicht statt. Dies ändert sich langsam. Nehmen Sie hier eine Vorreiterrolle ein, auch wenn die Reitkollegen dies belächeln sollten: Joggen Sie vor dem Reiten drei Runden um die Reithalle und machen Sie einige Dehnungsübungen, bevor Sie in den Sattel steigen. Ihr Pferd wird es Ihnen danken – und auch Sie selbst profitieren erheblich von einer gesteigerten Geschmeidigkeit.

Zum Ausgleich

Jede Sportart, die die Beweglichkeit und die Ausdauer stärkt, kann sinnvoll begleitend zum Reiten eingesetzt werden. Reiter, die auch tanzen, Rad fahren oder joggen bringen gute Voraussetzung für den Sattel mit.

Körperspannung

Die beim Reiten erforderliche gestreckte Körperhaltung fordert ein Maß an Ganzkörperspannung, das vielen Reiteinsteigern fehlt. Übungen zur Stärkung der Bauch- und Lendenwirbelmuskulatur sind sinnvoll.

Gleichgewicht

Das können Sie auch vor dem Fernseher üben: Balancieren Sie zunächst fünf, später zehn Sekunden lang auf einem Bein, danach auf dem anderen. Versuchen Sie, sich innerhalb von einer Woche auf 15 Sekunden pro Bein zu steigern. Schaffen Sie das auch mit geschlossenen Augen?

Beweglichkeit

Gelenkigkeit und Geschmeidigkeit sind die beiden Hälften der beim Reiten erforderlichen Beweglichkeit. Gezielte, regelmäßige Übungen für den Schulterbereich, das Brustbein und das Becken, z. B. auf einem Sitzball, können hier deutliche Verbesserungen bringen. Investieren Sie jeden Tag ein paar Minuten für Ausgleichsgymnastik.

Balimo®

Ein bei Freizeit- und Leistungsreitern gleichermaßen erfolgreiches Trainingsprogramm stammt vom Sportwissenschaftler Eckart Meyners: Sein Hocker für Reiter, „Balimo®“ wurde speziell entwickelt, um die beim sitzenden Menschen häufig anzutreffenden Beweglichkeitsdefizite auszugleichen. Das Training beruht darauf, Blockaden im Beckenbereich zu lösen und damit die für das Reiten erforderlichen dreidimensionalen Schwingungen des Beckens zuzulassen. Vermehrt werden Veranstaltungen zum Thema Gymnastik für Reiter angeboten. Nutzen Sie die Gelegenheit, wenn ein solcher Kurs in Ihrer Nähe stattfindet.

Basics für gutes Reiten

Die Wahrscheinlichkeit ist hoch, dass Sie nach den ersten Reitstunden mit dem Pferdevirus infiziert sind. Diese Krankheit ist nämlich hoch ansteckend, ein Gegenmittel wurde bislang noch nicht gefunden ... Im weiteren Verlauf Ihrer reiterlichen Karriere wird es darum gehen, Ihre Grundkenntnisse zu festigen und auszubauen. Zu den Voraussetzungen für ein Fortkommen im Reitsport gehört vor allem ein großes Interesse am Lebewesen Pferd. Je mehr Sie über den tierischen Sportpartner lernen, desto mehr werden Sie in der Lage sein, die Kommunikation mit ihm zu verfeinern. Deshalb ist es jetzt besonders wichtig, möglichst viele verschiedene Pferde auszuprobieren. Je vielseitiger Sie vorgehen, desto mehr lernen Sie.

Ausbildungsplan

Nehmen Sie die Planung Ihrer reiterlichen Ausbildung aktiv in die Hand. Besprechen Sie mit Ihrem Reitlehrer Ihre konkreten Ziele, und überlegen Sie sich gemeinsam geeignete Übungen dazu. Nach einem halben bis einem Jahr können Sie zum Beispiel eine erste Prüfung im Reitsport anstreben. Erwachsene legen die „Reiternadel“ ab, Kinder das „Kleine Hufeisen“. Hierbei handelt es sich um Motivationsabzeichen, bei denen das Reiten in allen drei Gangarten sowie theoretisches Basiswissen überprüft werden.

Locker und gut gelaunt

Bei allem Ehrgeiz sollte die Freude am Hobby auch in dieser Phase des Reitenlernens stets im Vordergrund stehen. Wenn Reiter sich an schwierigere Aufgaben wagen, wirken sie oft angespannt. Versuchen Sie, dies konsequent zu vermeiden: Mit einem Lächeln geht auch beim Reiten alles besser.

Innere Losgelassenheit ist beim Pferd wie beim Reiter wichtige Voraussetzung für gutes, entspanntes Teamwork und ein lockeres, gefühlvolles Reiten.

Reiter-Knigge

Gutes Benehmen sollte im Reitsport, in dem viel Wert auf Eleganz und Stil gelegt wird, eine Selbstverständlichkeit sein. Leider mangelt es gerade hieran immer wieder: „Buschreiter" belächeln „Dressurziegen" – und umgekehrt. Haben Sie auch den Eindruck, dass Kollegin XY heute wieder besonders eng an Ihnen in der vollen Reithalle vorbeigeritten ist, obwohl sie doch wissen müsste, dass sie Sie damit behindert? Und was die Clique im Reiterstübchen wohl wieder zu lästern hatte?
Hier hilft nur eines: Machen Sie selbst den ersten Schritt. Gehen Sie freundlich auf Ihre Reitkollegen zu und benehmen Sie sich so, wie Sie selbst auch behandelt werden möchten.

Der korrekte Sitz

Ohne ihn geht es nicht: Der korrekte Sitz ist die Voraussetzung für jede Art der Reiterei. Dabei unterscheidet man zwischen dem Grundsitz, den man beim Dressurreiten einnimmt, und dem leichten Sitz – auch Entlastungssitz genannt – der im Gelände und beim Springreiten erforderlich ist. Reitanfänger üben zunächst den Dressursitz. Zeigt der Reiter im Grundsitz die nötige Balance und Losgelassenheit, sollte auch der leichte Sitz trainiert werden. Warten Sie damit nicht zu lange: Der Wechsel zwischen Grundsitz und leichtem Sitz hilft dem Reiter, sich in die unterschiedlichen Bewegungsfolgen des Pferdes einzufühlen. Wer nie den Entlastungssitz im starken Galopp ausprobiert, verpasst wirklich etwas … Nur Mut!

Grundsitz

Im Dressursitz sitzt der Reiter aufrecht: Schulter, Hüfte und Absatz bilden eine Linie. Eine zweite gedachte Linie reicht vom Unterarm über den Zügel zum Pferdemaul. Die Reiterfäuste werden aufrecht getragen, nur so kann eine Verkrampfung der Armmuskulatur vermieden werden. Der Oberkörper sollte ungezwungen aufgerichtet werden, der Kopf frei und aufrecht getragen. Mit dem Gesäß nimmt man im tiefsten Punkt des Sattels Platz.
Der Absatz bildet den tiefsten Punkt. Stellt man sich einen Reiter auf einem Foto vor, auf dem man das Pferd wegradieren würde, so würde der Reiter gleichmäßig auf beiden Füßen stehen. Versuchen Sie nicht, sich schablonenhaft in eine Form zu zwingen, wichtig ist vor allem, dass Sie bequem und locker sitzen.

Leichter Sitz

Der leichte Sitz ist im Gegensatz zum Grundsitz mehr eine Hockhaltung als ein echter Sitz, da das Gesäß des Reiters keinen oder nur noch sehr geringen Kontakt zur Sattelfläche hat. Hierbei werden die Bügel um zwei bis vier Löcher verkürzt. Der Steigbügel wird etwas hinter dem Fußballen breit ausgetreten, der Absatz federt elastisch nach unten. Das Knie liegt fest geschlossen am Sattel, der Oberkörper wird aus der Hüfte heraus nach vorne gebeugt. Oberarme und Ellenbogen werden etwas vor dem Oberkörper, die Hände rechts und links neben dem Widerrist getragen.

Verschiedene Entlastungsstufen

Den leichten Sitz gibt es in vielen Formen. Der Grad der Entlastung richtet sich nach den Anforderungen. Beim Reiten über eine Wellenbahn ist eine nur leichte Entlastung erforderlich. Über dem Sprung nimmt der Reiter das Gesäß hingegen vollständig aus dem Sattel. Den höchsten Grad der Entlastung zeigen Rennreiter: Sie hocken mit extrem kurzen Bügeln vollständig oberhalb des Pferdes, von Sitzen kann hier keine Rede mehr sein. Bitten Sie Ihren Reitlehrer, auch einmal den Rennsitz üben zu dürfen: Wenn Sie eine Minute am Stück durchhalten, sind Sie gut! Den Muskelkater in den Beinen nehmen Sie sicher gern in Kauf.

WUSSTEN SIE?

- Den leichten Sitz gibt es noch gar nicht so lange. Früher legten sich die Springreiter über dem Sprung deutlich nach hinten. Erst der Italiener Friderico Caprilli (1868–1907) führte zur Jahrhundertwende eine Sitzform ein, bei der der Reiter mit verkürzten Bügeln und festem Knieschluss den Pferderücken entlastet. Dies kam damals einer Revolution in der Reiterei gleich.

Der Draht zum Pferd: die Hilfen

Wer gelernt hat, losgelassen und ausbalanciert zu sitzen, kann sich der nächsten Stufe reiterlicher Ausbildung widmen: der Einwirkung. Durch das Zusammenspiel von Gewichts-, Schenkel- und Zügelhilfen kommuniziert der Reiter mit seinem Pferd. Dabei sollte die Hilfengebung fein und möglichst unauffällig erfolgen. Gut aufeinander abgestimmte Hilfen ermöglichen es dem Reiter, Gangart, Tempo und Richtung des Pferdes zu kontrollieren. Dabei gilt grundsätzlich: Die vorwärtstreibenden Hilfen sind wichtiger als die verhaltenen Hilfen.

Gewichtshilfen

Sie sind die wichtigsten Hilfen. Durch die korrekte Verlagerung des Reitergewichtes versteht das Pferd schnell, was von ihm gefordert wird. Auf einem gut ausgebildeten Schulpferd kann der Reitschüler die Wirkung der unterschiedlichen Gewichtshilfen genau spüren. Probieren Sie es aus! Man unterscheidet zwischen beidseitig belastenden (z. B. beim Antraben), einseitig belastenden (etwa bei Seitwärtsgängen und beim Angaloppieren) und entlastenden Gewichtshilfen (z. B. beim Rückwärtsrichten oder beim Reiten über Bodenricks).

Schenkelhilfen

Der Schenkel unterstützt die Gewichtshilfen. Der vorwärtstreibende Schenkel liegt dicht am Gurt, der vorwärts-seitwärtstreibende Schenkel befindet sich etwas hinter dem Gurt. Der verwahrende (oder auch begrenzende) Schenkel liegt circa eine Handbreit hinter dem Gurt. Beim Galoppieren auf einer Zirkellinie beispielsweise ist der innere Schenkel der vorwärtstreibende, der äußere Schenkel hat begrenzende Funktion; er verhindert, dass das Pferd über die Schulter nach außen drängt.

Zügelhilfen

Menschen sind es gewohnt, mit den Händen zu arbeiten. Beim Reiten müssen wir uns deshalb disziplinieren. Die Zügelhilfen dürfen nie allein, sondern stets im Zusammenspiel mit Gewichts- und Schenkelhilfen gegeben werden. Jeder annehmenden Zügelhilfe muss eine nachgebende folgen. Man unterscheidet zwischen nachgebender, annehmender, durchhaltender, verwahrender und seitwärtsweisender Zügelhilfe.

Stimme, Gerte und Sporen

Zur Unterstützung von Gewichts-, Schenkel- und Zügelhilfen dienen die Stimme, Gerte und Sporen. Wichtig ist ein wohldosierter Einsatz im richtigen Moment. Sporen gehören erst dann an den Reitstiefel, wenn der Reiter gelernt hat, seinen Schenkel ruhig und koordiniert an den Pferdekörper anzulegen.

Das Ziel Harmonie

„Pferdesport – Harmonie von Mensch und Tier“ lautet der erste Grundsatz der Deutschen Reiterlichen Vereinigung (FN).
Das Pferd soll sich unter dem Reiter gehorsam und zwanglos bewegen. Alle Reiterhilfen sollen beim Pferd ohne Blockaden oder Widersetzlichkeiten zum Ziel führen. Ein Pferd, das die Reiterhilfen spannungsfrei und willig umsetzt, bezeichnet man als durchlässig. Durchlässigkeit ist daher das oberste Ziel der Ausbildung unserer Pferde. Hierbei handelt es sich um einen Idealzustand, dessen Umsetzung jedoch das Ergebnis jeder Reitstunde sein sollte. Rufen Sie ihn sich regelmäßig wieder ins Gedächtnis für ihre alltägliche Reitpraxis.

Halbe Parade

Sinnvoll eingesetzte Paraden sind die Grundlage für einen guten Draht vom Reiter zum Pferd. Eine Parade wird oft als „Ziehen am Zügel“ missverstanden, dabei bezeichnet sie nichts anderes als das Zusammenspiel von Gewichts-, Schenkel- und Zügelhilfen. Dabei sind die sogenannten halben Paraden vorherrschend: Mit halben Paraden bereitet man Lektionen vor und leitet Gangart- oder Tempowechsel ein, oder man fordert das Pferd zu mehr Aufmerksamkeit auf.

Ganze Parade

Eine ganze Parade führt immer zum Halten. Sie kann aus allen Gangarten geritten werden. Wichtig ist hierbei ebenso wie bei den halben Paraden, dass der Reiter nicht nur am Zügel ruckt, sondern zunächst ver-

mehrt belastend sitzt, das Pferd mit beiden Schenkeln einrahmt und vorwärtstreibt, und gleichzeitig mit einer beidseitig durchhaltenden Zügelhilfe das Halten einleitet. Ganz wichtig: Sobald das Pferd steht, folgt eine nachgebende Zügelhilfe. Das Ergebnis einer gut abgestimmten ganzen Parade ist ein korrekt geschlossen stehendes Pferd.

Das reiterliche Gefühl

Neben allem theoretischen Wissen und körperlichen Training ist vor allem eines entscheidend für das gute Teamwork mit dem Pferd: Das reiterliche Gefühl. Nur wer über sein Gesäß in sein Pferd hineinhorchen kann, wer sensibel genug ist, die Hilfen fein zu dosieren und wer die nächsten Reaktionen des Pferdes immer schon einen Bruchteil einer Sekunde im Voraus ahnt, bringt das erforderliche Rüstzeug für erfolgreiches Reiten mit. Man gibt die Signale und das Pferd „antwortet“, indem es etwas tut. Hat der Reiter alles richtig gemacht, so wird die „Antwort“ in seinem Sinne sein. Macht das Pferd etwas anderes als gewünscht, kann es daran liegen, dass die Hilfen nicht gestimmt haben. Hier liegt auch der Schlüssel für die Faszination des Reitsports: Nicht Kraft, sondern Konzentration, Timing und kluges Kalkül sind die entscheidenden Faktoren für ein harmonisches Miteinander.

Manchmal klappt's nicht

Wenn es beim Reiten nicht so klappt wie der Reiter es sich vorstellt, so sucht er die Schuld gerne beim Pferd, oder bei den Mitreitern, oder beim Reitlehrer, oder beim Wetter (wahlweise zu warm oder zu kalt). Ganz ehrlich: In den meisten Fällen liegt es schlicht und ergreifend am Reiter selbst. Nobody is perfect – aber das muss man auch zugeben können. Einsicht in die eigenen Fehler fällt vielen Reitern offenbar recht schwer. Doch nur wer seine eigenen Defizite erkennt und benennen kann, hat die Chance, sich weiterzuentwickeln. Ein allzu unkritischer Reitlehrer ist für die eigene Weiterentwicklung oftmals hinderlich. Verlangen Sie ein ehrliches Feedback, in dem Ihre Schwachpunkte gezielt angesprochen werden. Und nehmen Sie bitte darauf Rücksicht, dass auch ein Pferd gute und schlechte Tage hat.

Tagesform

Die Leistungsbereitschaft des Pferdes wird durch viele physische und psychische Faktoren beeinflusst: Der Fellwechsel kostet z. B. sehr viel Kraft; Kraft, die dann nicht mehr bei der Arbeit zur Verfügung steht. Eine Stute in der Rosse ist möglicherweise kitzelig – das müssen wir als Reiter akzeptieren. Eine neue Umgebung kann ein Pferd zunächst irritieren, geben wir ihm also ausreichend Zeit, sich daran zu gewöhnen.

Abwechslung

Auch Langeweile kann zu Abstumpfung führen. Wer jeden Tag dieselben stupiden Runden ziehen muss, verliert irgendwann den Spaß daran. Versuchen Sie im Rahmen Ihrer Möglichkeiten als Reitschüler, dem Pferd etwas Abwechslung zu bieten. Fragen Sie doch Ihren Reitlehrer, ob er einige Reiterspiele einbauen könnte. Die machen Jung und Alt Spaß und motivieren auch die Pferde. Erkundigen Sie sich, ob nach getaner Arbeit etwas gegen einen kleinen Schrittbummel durch den Wald einzuwenden ist.

WUSSTEN SIE?

▸ Pferdeflüsterer haben heutzutage Hochkonjunktur. Sie werden als letzte Hilfe bei scheinbar aussichtslosen Verhaltens- oder Rittigkeitsproblemen zurate gezogen. Dabei tun die modernen Pferdegurus nichts anderes, als das Pferd als Pferd zu begreifen und es artgerecht zu behandeln. Sieht man genau hin, haben sie oft dasselbe Wissen wie alte Reitmeister, Indianer, Cowboys oder erfahrene Bauern – allerdings können sie sich besser vermarkten.

Besser reiten

Wenn Sie so weit sind, dass Sie ein Pferd allein in der Halle oder auf dem Reitplatz reiten können, haben Sie schon eine Menge geschafft. Jetzt ist Ihre Kreativität gefragt. Überlegen Sie sich jedes Mal neu, was Ihr Ziel für die heutige Reitstunde sein soll. Den Zirkel mal richtig schön rund reiten? Und die Ecken nicht immer so abkürzen? Oder das Angaloppieren aus dem Schritt üben? Vielleicht sogar das Halten mit einbauen? Wagen Sie sich an neue Dinge heran. Wenn Sie zu zweit reiten, könnten Sie zum Beispiel auch mal die Pferde tauschen ...

Drei Phasen

Wenn Sie ohne Anleitung reiten, sollten Sie die Reitstunde sorgfältig einteilen: Beginnen Sie mit einer mindestens zehnminütigen Schrittphase. Danach folgt die Lösungsphase: Häufige Gangart-, Tempo- und Handwechsel sowie das Reiten auf großen gebogenen Linien bestimmen diese rund zwanzigminütige Aufwärmphase. Ebenso lang können Sie die Arbeitsphase gestalten: Jetzt verlangen Sie die höchste Aufmerksamkeit vom Pferd und üben Lektionen. Enden Sie mit einer rund zehnminütigen Schritttour am langen Zügel.

Ein guter Abschluss

Heute hat alles so gut geklappt, am Ende der Stunde wollen Sie schnell noch etwas Neues ausprobieren? Vergessen Sie es: Beenden Sie eine gelungene Stunde mit belohnendem Leichttraben und entspan-

nendem Zügel-aus-der-Hand-kauen-Lassen. Damit signalisieren Sie dem Pferd, dass es seine Sache gut gemacht hat. Haben Sie das Pferd korrekt geritten, wird es sich jetzt dehnen und zufrieden schnauben. Die neue Lektion vertagen Sie auf den Beginn der nächsten Arbeitsphase.

Neue Ideen

Um neue Ideen zu bekommen, muss man manchmal seine ausgetrampelten Reitpfade verlassen. Die Lektüre von Fachmagazinen kann hier wertvolle Anregungen geben. Auch die Landesverbände der FN oder anderer Interessensvertretungen haben eigene Publikationen: Hier werden regelmäßig Seminare zu einer Vielzahl von Pferdethemen angeboten. Ob Vortrag oder Promi-Show: Nehmen Sie diese Angebote wahr, Sie werden davon profitieren.

Perspektivwechsel

Wenn Sie Dressur-Fan sind, sollten Sie es sich nicht nehmen lassen, einmal über den Tellerrand zu schauen und zum Beispiel einen Westernstall zu besuchen. Andere Reitweisen, andere Sitten – vielleicht können Sie die eine oder andere Anregung zukünftig selbst umsetzen? Machen Sie sich Ihr eigenes Bild, nur dann können Sie entscheiden, was am besten zu Ihnen passt.

Dressur und Springen

Die Grundausbildung eines Reiters sollte so vielseitig wie möglich sein. Ist der Grundsitz gefestigt, gehört auch der Springunterricht dazu, ebenso wie Ausritte im Gelände. Wer regelmäßig auf unebenem Boden reitet oder kleine Sprünge in sein Training einbezieht, wird auch beim Dressurreiten auf ebenem Hufschlag kein Problem damit haben, den einen oder anderen Freudenhüpfer seines Pferdes gelassen auszusitzen. Um sein reiterliches Reaktionsvermögen zu schulen, sollte sich ein Reiter einer Vielzahl von Situationen stellen. Dies führt zu Erfolgserlebnissen und bringt einen Motivationsschub für die nächsten Ziele. Ein stets abwechslungsreiches Reitprogramm ist auch Gymnastik fürs Pferd. Einseitige Belastung tut keinem Pferd gut. Im Gegenteil: Das Zusammenspiel von Dressurübungen, Sprüngen und Ausritten ist das beste Trainingsprogramm für den Pferdekörper.

Gymnastik fürs Pferd

Eine abwechslungsreich aufgebaute Reiteinheit kann so aussehen: Nach der anfänglichen Schrittphase am langen Zügel auf beiden Händen nehmen Sie die Zügel auf und reiten zunächst eine Schlangenlinie durch die ganze Bahn mit drei Bögen. Wiederholen Sie diese Übung. Danach reiten Sie eine Schlangenlinie mit vier Bögen. Achten Sie

darauf, das Pferd jeweils bei Durchreiten der Mittellinie in die neue Bewegungsrichtung umzustellen.

Vom Einfachen zum Komplexen

Danach traben Sie an. Traben Sie leicht, ganze Bahn und Zirkel. Wechseln Sie mehrfach durch die ganze und halbe Bahn sowie aus dem Zirkel. Nehmen Sie die Schlangenlinie dazu: Zuerst drei, dann vier Bögen. Bauen Sie Schrittpausen ein.
Gehen Sie auf den Zirkel, und galoppieren Sie aus dem Trab an, wiederholen Sie diese Übung auf beiden Händen.

Korrekte Hufschlagfiguren

Beginnen Sie nun mit dem Traben im Aussitzen. Reiten Sie an der langen Seite eine einfache Schlangenlinie, wechseln Sie anschließend durch die ganze Bahn und reiten auf der anderen Hand ebenfalls eine einfache Schlangenlinie. Wiederholen Sie diese Übung, bevor Sie dann an der langen Seite eine doppelte Schlangenlinie reiten. Achten Sie unbedingt darauf, die Hufschlagfiguren korrekt einzuteilen und genau an den geforderten Bahnpunkten anzukommen, das schult Ihre Koordinationsfähigkeit und die des Pferdes.

Stangenarbeit

Nach Belieben und Leistungsstand können Sie nun auch das Reiten über Stangen oder einen kleinen Sprung aus dem Trab einbauen. Vergessen Sie nicht, die Stunde mit einer rund zehnminütigen Entspannungsphase im Schritt zu beenden.

Aufgaben reiten

Auch wenn Sie sich nicht (oder noch nicht) für das Turnierreiten interessieren, so kann es interessant sein, als Abwechslung zum normalen Unterricht einmal eine Dressuraufgabe zu reiten. Die Aufgaben sind nach Leistungsklassen eingeteilt: „E" steht für Einstiegsklasse, „A" für Anfängerklasse, „L" für leichte Klasse, „M" steht für mittelschwere Klasse und „S" für die schwere Klasse.

Diese Bezeichnungen sind für einen Reiteinsteiger verwirrend: Denn um eine „E-" oder gar „A"-Dressur reiten zu können, bedarf es schon einiger Erfahrung. Probieren Sie es aus, und bitten Sie Ihren Reitausbilder auch einmal, Ihnen für Ihre Leistung eine Wertnote zu geben. Das kann helfen, den eigenen Leistungsstand zu überprüfen, Defizite genauer zu erkennen und die nächsten Ziele festzulegen.

Lektionen der Klasse E

In der sogenannten Einstiegsklasse wird hintereinander in der Abteilung geritten. Gefordert sind Mittelschritt, Trab im Aussitzen und Leichttraben, eine Schlangenlinie mit drei Bögen, der Galopp auf Zirkel und ganzer Bahn sowie das Antraben aus dem Halten und Halten aus dem Arbeitstrab. Eine E-Aufgabe dauert etwa drei Minuten, erfordert aber einiges an Konzentration und kann ganz schön anstrengend werden.

Lektionen der Klasse A

Eine A-Dressur ist schon deutlich schwieriger: Hier müssen auch Mitteltrab und Mittelgalopp sowie das Rückwärtsrichten gezeigt werden. A-Dressuren können in der Abteilung hintereinander, zu zweit oder allein geritten werden. Sicherlich ist es für Sie interessant, sich diese Aufgaben einmal auf einem Turnier anzusehen.

Die Wertnoten

Bewertet wird auf einer Skala von 0 bis 10, wobei 0 für „nicht ausgeführt" und 10 für „ausgezeichnet" steht. Ritte mit Wertnoten unter 5,0 gelten als durchgefallen.
Die Lektionen werden einzeln bewertet, daraus setzt sich dann eine Gesamtnote zusammen, die den Ausschlag gibt.
Gängige Wertnoten in Dressurprüfungen der unteren Leistungsklassen liegen zwischen 5,5 und 7,5.

WUSSTEN SIE?

- Die im Turniersport erforderlichen Anforderungen sowie die Aufgaben für die Prüfungen sind im „Aufgabenheft Reiten gemäß LPO" abgedruckt, wobei „LPO" für „Leistungsprüfungsordnung" steht. Turnierreiter benötigen dieses gelbe Ringbuch (es wird von der FN herausgegeben), und sollten darauf achten, die aktuelle Ausgabe zu haben.

Quadrillen

Reiten zu Musik ist bei Jung und Alt gleichermaßen beliebt. Auch Pferde mögen Musik. Quadrillenreiten ist in vielen Vereinen in der dunklen Jahreszeit ein „Muss“ – zum Beispiel am Sonntagmorgen, gefolgt von einem gemeinsamen Frühstück oder Frühschoppen. Das Einstudieren einer Quadrille schweißt eine Gruppe zusammen: Oft entwickeln sich gemeinsame Ziele wie zum Beispiel eine Vorführung auf einer Weihnachtsfeier. Quadrillen können auf unterschiedlichen Leistungsniveaus geritten werden. Das geht auch schon, wenn man noch kein „Profi“ ist. Um bei einer Quadrille mitzureiten, sollte man jedoch in der Lage sein, das Pferd in allen drei Gangarten selbstständig und sicher dirigieren zu können.

Paarweise

Bei einer klassischen Quadrille reiten acht Reiter in vier Paaren mit. Ist die Reithalle groß genug, können es auch mehr Paare sein. Die Paare sollten so zusammengestellt werden, dass die Pferde sich gut verstehen, denn sie müssen eng nebeneinander hergehen. Oft werden die Paare nach Größe oder Fellfarbe sortiert und in derselben Farbe bandagiert. Hübsch aussehen soll es ja auch.

Nebeneinander, gegeneinander

Bei der Zusammenstellung der Figuren sind der Fantasie kaum Grenzen gesetzt. Eine schöne Quadrille besticht durch abwechslungsreiche Figuren: Mal reiten die Paare eng nebeneinander, mal trennen Sie sich, fädeln wieder ein, reiten gegeneinander oder kreuzen sich auf den Wechsellinien. Die Quadrille sollte von einem im Formationsreiten erfahrenen Reiter oder Ausbilder geleitet werden. Dieser reitet nicht mit, sondern gibt die Kommandos vom Boden aus.

Aufschreiben und auswendig lernen

Ist eine Vorführung geplant, so muss man sich irgendwann über die Abfolge der Figuren einigen. Hier hilft nur eines: Schreiben Sie die Figuren auf, zeichnen Sie eventuell eine Skizze dazu und lernen Sie die Abfolge auswendig. In der Regel kennen Reiter und Pferde die Aufgaben nach einigen Wiederholungen aus dem Effeff.

Zum Takt der Musik

Die Musik spielt eine wesentliche Rolle beim Quadrillereiten. Für die Schrittphase wird ein Viertakt benötigt, ein Zweitakt für die Trabphase und ein Dreitakt für die Galopptour. Besonders gut eignen sich klassische Musik, bekannte Melodien z. B. aus Musicals oder moderne Instrumentalmusik.

WUSSTEN SIE?

- Der Fachhandel bietet CDs mit fertiger Quadrillenmusik für unterschiedliche Gelegenheiten.

Cavaletti-Übungen

Cavalettis sind kleine Hindernisse, in der Regel 40 bis 80 Zentimeter hoch. Man bezeichnet sie treffenderweise auch als Gymnastiksprünge. Die Stangen sind entweder fest an seitlichen Holzkreuzen befestigt, oder werden in Cavalettiblöcke aus Kunststoff eingelegt. Kunststoffblöcke bieten den Vorteil, dass sie sehr leicht sind und schnell auf- und abgebaut werden können, auch von körperlich schwächeren Menschen. Das Reiten über Cavalettis ist eine wichtige Vorstufe zum Springreiten. Aber auch Nicht-Springreiter sollten ab und zu ein Cavaletti-Training einbauen. Es schult das Rhythmusgefühl und das Reiten im leichten Sitz. Wenn berühmte Dressurreiter aus dem Nähkästchen plaudern, so ist oft zu erfahren, dass bei Ihnen das Gymnastikspringen ungefähr einmal pro Woche auf dem Programm steht.

Springen aus dem Trab

Beginnen Sie ganz gelassen: Traben Sie über ein kleines Kreuz. Das kann man auch gut in der Abteilung hintereinander machen. Achten Sie in diesem Fall auf erhöhte Abstände, zwei Pferdelängen sollten es bei dieser Übung mindestens sein. Als nächstes traben Sie zum Kreuz hin und galoppieren eine Pferdelänge vor dem Cavaletti an. Schon haben Sie Ihren ersten „echten“ Sprung hinter sich. Das Springen über ein Cavaletti ist letztlich nichts anderes als ein erweiterter Galoppsprung.

In-Out-Reihen

Die Klassiker bei der Cavaletti-Arbeit sind die sogenannten In-Out-Reihen. Dabei werden die Cavalettis im Abstand von rund drei

Metern aufgestellt, z. B. entlang der langen Seite oder – schon schwieriger – auf der Mittellinie. Die Pferde springen im Galopp über das erste Cavaletti, galoppieren in die Reihe hinein und nehmen direkt das zweite Cavaletti (In-Out = Rein-Raus).

Gymnastikreihen

In-Out-Reihen lassen sich zu interessanten Gymnastikreihen variieren: So kann zu Beginn der Reihe auch ein Trab-Cavaletti stehen und am Ende ein etwas erhöhter Sprung oder kleiner Oxer.
Der Abstand zwischen den Cavalettis kann je nach Pferdegröße und Raumgriff des Pferdes unterschiedlich sein. Das Reiten über Cavalettis sollte nur unter Anleitung eines erfahrenen Ausbilders geschehen, er weiß, worauf beim Aufbau zu achten ist.

WUSSTEN SIE?

- Einfache Hindernisse, bei denen mehrere Stangen übereinander, aber nicht hintereinander angebracht sind, nennt man Steilsprünge.
- Doppelhindernisse, bestehend aus zwei dicht hintereinander stehenden Sprüngen, heißen Oxer.
- Eine Abfolge von Sprüngen in vorgegebener Reihenfolge ist ein Parcours. Im Parcours werden die Stangen in Ständern aufgelegt, seitliche Begrenzungen nennt man Fänge.
- Alle Stangen sollten unversehrt sein, damit sich die Pferde bei einem Stangenabwurf nicht verletzen.
- Die Stangenfarben helfen den Pferden, die Sprünge besser zu erkennen.

Reitabzeichen

Um sich sein Können bestätigen zu lassen, streben viele Reiter früher oder später das Deutsche Reitabzeichen an. Dieser Leistungsprüfung geht in der Regel ein mehrtägiger Kurs voraus, in dem Dressur- und Springreiten intensiv trainiert werden. Auch theoretisch muss einiges gebüffelt werden: In der Prüfung abgefragt wird recht umfangreiches Wissen zu Reitlehre, Pferdekunde und Pferdehaltung; unterschätzen Sie dies nicht! Auf Seite 90 finden Sie Buchtipps zum Weiterlesen. Für das Reitabzeichen ist ein gewisses Können erforderlich. Besprechen Sie mit Ihrem Reitlehrer, ob es schon so weit ist. Auch ein geeignetes Pferd ist wichtig: Klären Sie rechtzeitig, welches Pferd Ihnen für die Prüfung zur Verfügung steht.

Schwarz-weiß

Das Reitabzeichen gilt auch als Heranführung an den Turniersport. Nicht zuletzt deshalb ist bei allen Abzeichenprüfungen korrekte Turnierkleidung vorgeschrieben: Weiße Reithose, Reitstiefel, schwarzes Jackett, weiße Bluse oder weißes Hemd, weiße Handschuhe, Helm. Turnierkleidung kann in einigen Reitsportgeschäften auch ausgeliehen werden.

Basispass

Um zum Reitabzeichen zugelassen zu werden, muss man im Besitz des „Basispass Pferdekunde“ sein. Hierbei werden Grundkenntnisse im praktischen Umgang mit dem Pferd unter Beweis gestellt, wie das Putzen, Führen oder Anbinden. Auch sind Kenntnisse über Fütterung und Haltung erforderlich. Der Basispass ist auch für Nicht-Reiter empfehlenswert, etwa für Freunde und Angehörige von Reitern.

Das kleine Reitabzeichen

Diese Prüfung besteht aus drei Teilen: Geritten werden muss eine Dressur auf E-Niveau in der Abteilung. Im Bereich Springen ist ein Parcours mit mindestens sechs Hindernissen und acht Sprüngen mit einer Höhe zwischen 60 und 80 Zentimetern zu überwinden. In der theoretischen Prüfung stellen sich die Kandidaten den Fragen der beiden Richter.

Bestanden?

Wer in allen drei Teilbereichen eine Wertnote von mindestens 5,0 erreicht, hat bestanden. Beim Springen führt eine dreimalige Verweigerung zum Durchfallen. Wer bestanden hat, erhält eine Urkunde von der FN samt Anstecker und ist mit Sicherheit sehr stolz.

WUSSTEN SIE?

- Die Deutschen Reitabzeichen sind in Klassen aufgeteilt. Es beginnt mit Klasse IV, hier müssen Prüfungen auf E-Niveau abgelegt werden. Es folgt Klasse III; hier ist Können auf A-Niveau notwendig. Für das Silberne Abzeichen (Klasse II) werden L-Lektionen gefordert.
- Das Goldene Reitabzeichen ist eine Ehrenauszeichnung und wird Reitern verliehen, die zehn oder mehr Siege in der schweren Klasse für sich verbuchen können.
- Neben den Reitabzeichen gibt es auch Fahrabzeichen, Voltigierabzeichen, Westernreitabzeichen, Longierabzeichen und Wanderreitabzeichen.

Ausreiten

Sich mit seinem Pferd in der Natur zu bewegen, ist für viele Menschen die schönste Art der Reiterei. Ausritte sind entspannend für Reiter und Pferd, vorausgesetzt man ist mit den Grundzügen des Geländereitens vertraut. Wichtigste Voraussetzung für die ersten Ritte jenseits von Platz und Halle: Das Pferd sollte Ausritte kennen und verkehrssicher sein.

Beim Ausreiten gilt mehr als bei anderen Reitdisziplinen: Ein unerfahrener Reiter braucht ein erfahrenes Pferd.
Für den Anfang empfehlen sich kleine Gruppen von zwei bis drei Reitern; gehen Sie niemals allein! Die sicherste Position für den ersten Ausritt ist in der Mitte zwischen einem ruhigen Vorderreiter und einem zuverlässigen Hinterreiter.

Verhalten im Wald

Reiter sind zu Gast in der Natur; entsprechend umsichtig sollten sie sich verhalten. Trifft man beim Ausreiten auf Fußgänger, so reitet man im Schritt mit ausreichendem Abstand an ihnen vorbei; ein freundlicher Gruß und rücksichtsvolles Verhalten sollten selbstverständlich sein. Bedenken Sie: Viele Menschen haben Angst vor den großen Tieren, dies gilt es zu respektieren und darauf sollten Sie immer Rücksicht nehmen.

Bloß nicht!

Zur Schonung der Wege und zur Risikovermeidung sollte man auf matschigen Wegen nicht traben oder galoppieren. Sicherlich gibt es nichts Schöneres, als im Herbst über ein abgemähtes Stoppelfeld zu galoppieren. Aus Respekt vor dem Eigentum anderer ist es jedoch wichtig, vorab mit dem Besitzer zu klären, ob er damit einverstanden ist.

Sichere Ausrüstung

Überprüfen Sie vor dem Losreiten, ob die Ausrüstung des Pferdes intakt ist, und ob das Pferd einen gesunden Eindruck macht. Sind alle Hufeisen fest? Führen Sie beim Reiten im Wald stets ein Mobiltelefon mit sich, um im Notfall Hilfe rufen zu können. Auch ein Hufkratzer gehört ins kleine Ausreitgepäck; so kann man Steine schnell aus dem Huf entfernen. Bei längeren Ritten sollte mindestens einer der Reiter ein Erste-Hilfe-Päckchen mitnehmen, so sind Sie für alle Fälle ausgerüstet.

WUSSTEN SIE?

- Geritten werden darf grundsätzlich auf allen als Reitweg gekennzeichneten Strecken (siehe Seite 83). Ob und wo im Wald geritten werden darf, ist vom Bundesland abhängig.
- In den meisten Bundesländern muss das Pferd beim Ritt außerhalb der Anlage eine Reiterplakette tragen. Diese ist ein Jahr gültig und kostet rund 30 €, man erhält sie bei den Kommunen.
- Wer keine Plakette hat und dabei „erwischt“ wird, muss mit einem Bußgeld rechnen.

Sicher im Straßenverkehr

Als Reiter gilt man im Straßenverkehr als „langsames Fahrzeug" (§41 StVo). Entsprechend gilt die Straßenverkehrsordnung. Auf Rad- oder Fußgängerwegen darf nicht geritten werden, als Reiter benutzen Sie den rechten Rand der Fahrbahn. Ein Pferd darf lt. § 28 StVo nur dann am Straßenverkehr teilnehmen, wenn es verkehrssicher ist und von geeigneten Personen geritten wird. Das Reiten oder Führen an einer Straße nur mit Halfter und Führstrick wird vom Gesetzgeber als nicht ausreichend sicher eingestuft. Eine Trense ist also Pflicht, auch wenn Sie das Pferd nur eine kurze Strecke, zum Beispiel über die Straße zur Weide führen möchten.

Verkehrssicher

Erkundigen Sie sich vor einem geplanten Abritt, ob entlang von viel befahrenen Straßen geritten wird. Fragen Sie nach, ob das Pferd verkehrssicher ist. Als unerfahrener Reiter sollten Sie keine jungen Pferde im Gelände reiten, die Gewöhnung der Pferde an den Straßenverkehr ist eine Aufgabe für erfahrene Reiter.

Straßenüberquerung

Müssen Sie mit einer Gruppe eine Straße überqueren, sollten Sie dicht beisammen bleiben oder zu zweit nebeneinander reiten. Signalisieren Sie dem Verkehr durch Handzeichen deutlich, dass Sie abbiegen möchten. Überqueren Sie die Straße nur im Schritt. Bei einer größeren Gruppe empfiehlt es sich, dass der erste und der letzte Reiter die Straße absichern.

In der Dämmerung

Sorgen Sie dafür, dass Sie als Reiter auch in der Dämmerung ausreichend beleuchtet sind: Vorgeschrieben sind eine rote nach hinten leuchtende Lampe und ein weißes nach vorn strahlendes Licht. Solche Stiefelleuchten gibt es im Fachhandel. Darüber hinaus empfehlen sich reflektierende Kleidung und Leuchtgamaschen fürs Pferd.

WUSSTEN SIE?

- Das Schild „Durchfahrt verboten“ ist das einzige Verkehrszeichen, das nicht für Reiter gilt.
- Trägt dasselbe Schild ein Reitersymbol (Abbildung oben), gilt es ausdrücklich nur für Pferde. Sie dürfen hier auch dann nicht einbiegen, wenn Sie führen.
- Abbildung unten: Reiten erlaubt!

Reitpass

Wer Grundkenntnisse im Geländereiten erwerben möchte, sollte sich nach einem Kurs zum „Deutschen Reitpass“ erkundigen. In diesem mehrtägigen Lehrgang erlernt man das Rüstzeug für sichere Ausritte. Der Reitpass wird daher treffenderweise auch als der „Führerschein für das Ausreiten“ bezeichnet.

Der Kurs endet mit einer Prüfung vor FN-Richtern, überprüft werden Reitpraxis und theoretische Kenntnisse. Das erforderliche Wissen ist umfangreich: Neben den einschlägigen gesetzlichen Bestimmungen werden auch Grundkenntnisse in Erster Hilfe für Reiter sowie Notfallmaßnahmen fürs Pferd überprüft.

Die Prüfung

Um zur Reitpass-Prüfung zugelassen zu werden, ist wie beim Reitabzeichen der „Basispass Pferdekunde“ erforderlich. In der Prüfung wird in der Gruppe nach Anweisung der Richter in allen drei Gangarten geritten, mal zu zweit nebeneinander, mal hintereinander. Bergauf- und Bergabstrecken müssen überwunden werden.

Wegreiten von der Gruppe

Eine nicht ganz einfache Aufgabe für das Herdentier Pferd ist das Wegreiten von der Gruppe: Dies wird für den Fall geübt, dass

ein Reiter im Wald verunglückt und ein anderer Reiter Hilfe herbeiholen muss. Deshalb muss der Reiter in der Prüfung unter Beweis stellen, dass er auch in einer solchen Ausnahmesituation sein Pferd kontrollieren kann.

Springen

Der Prüfungskandidat kann entscheiden, ob er die Prüfung „mit Springen“ oder „ohne Springen“ ablegen möchte. Möchte er springen, müssen vier geländetypische, feste Hindernisse überwunden werden. Dies kann ein Baumstamm oder zum Beispiel ein Aufsprung auf einen Wall sein.

Bestanden?

Anders als beim Reitabzeichen gibt es beim Reitpass keine Wertnoten. Die Prüfung wird entweder „bestanden“ oder „nicht bestanden“. Ob der Kandidat gesprungen ist, wird auch vermerkt. Eine bestandene Prüfung wird mit einer Urkunde der FN und einer Anstecknadel belohnt.

Reiten und Reisen

Reiten macht süchtig! Oft kann man einfach nicht genug davon bekommen. Abseits des Reitschulalltags gibt es spannende Angebote, die dazu einladen, das Hobby in neuer Umgebung auszuüben. Wie wäre es mit einem Hauch von Abenteuer? Es muss ja nicht der Wilde Westen sein. Wanderritte und Reiterurlaube werden in vielen landschaftlich reizvollen Gegenden angeboten. Wen es in die Ferne zieht, der findet eine Reihe von spezialisierten Reiterreisen-Anbietern. Ein Menschenleben ist zu kurz, um alles einmal auszuprobieren: Wüstenritte in Afrika, Ranch- und Wildnisritte in den USA, Sternenritte in Island, Jagdtouren in Irland, Packpferdetrails in Frankreich oder Spanien …

Wanderritte

Geführte Wanderritte sind eine gute Möglichkeit, in netter Gesellschaft die Landschaft zu Pferde zu erkunden. Spezielle Wanderreiterhöfe bieten Tagesritte auf trainierten Pferden in bequemen Wandersätteln an, oft begleitet von einem gemütlichen Picknick oder einer Besichtigung. Auch für Reiter ohne eigenes Pferd gibt es eine Vielzahl von attraktiven Angeboten, bei denen man oft die regional typischen Rassen Probe reiten kann. Bei mehrtägigen Touren bringen die Veranstalter das Gepäck meistens von einem Etappenziel zum nächsten, sodass Pferde und Reiter sich unbeschwert fortbewegen können. Besonders beliebt sind Ritte bei Sonnenauf- oder Untergang oder ausgedehnte Strandtouren. Abenteuerlustige brechen auch zu Nachtritten auf.

Reiturlaub

Eine Woche auf dem Rücken der Pferde? Oder vielleicht sogar zwei? Viele Reiter können sich keine bessere Flucht aus dem Alltag vorstellen. Im Internet lässt sich gut nach passenden Angeboten suchen. Doch Achtung, hier ist nicht alles Gold, was glänzt: Legen Sie Wert auf eine kompetente Betreuung und gut ausgebildete Pferde. Meinungen ehemaliger Urlauber sind hier oft aufschlussreicher als eine Werbebroschüre.

Gute Vorbereitung

Wer im Alltag normalerweise nur wenig reitet, zum Beispiel nur eine Stunde in der Woche, sollte vor Antritt eines Reiturlaubs für ausreichende Fitness sorgen und sein Training vorab etwas intensivieren. Stecken Sie außer Sonnencreme und guter Laune vorsichtshalber ein Mittel gegen Muskelkater, ein paar Pflaster und Schmerztabletten ein, und achten Sie auf bequeme Unterwäsche, die nicht scheuert...

Reitern ist es nie langweilig

Reiten ist mehr als nur ein Sport, Reiten ist eine Lebenseinstellung. Auch wenn sie gerade nicht auf dem Pferd sitzen, beschäftigen sich Pferdemenschen gerne mit den edlen Vierbeinern. Sie besuchen Turniere, fachsimpeln auf Züchterschauen oder auf der Rennbahn und shoppen auf Pferdemessen. Pferdemusicals und -märchen erfreuen sich wachsender Beliebtheit. Hierfür lassen sich oft auch nicht reitende Familienmitglieder und Freunde begeistern. Deutschland ist Pferdeland: Weltweit bietet kein anderes Land so viele Highlights und Erfolge in der Zucht, Ausbildung und Vermarktung von Pferden. Gehen Sie auf Entdeckungsreise.

CHIO Aachen

Über 300.000 Besucher zieht es Jahr für Jahr im Sommer in die Aachener Soers. Auf dem „Weltfest des Pferdesports“ trifft sich die internationale Elite. Geritten wird in fünf Disziplinen: Springen, Dressur, Fahren, Vielseitigkeit und Voltigieren. Möchten Sie die Meister des Reitsports hautnah erleben, ist dieser Termin ein Muss in Ihrem Terminkalender. Einige der Prüfungen werden auch live im Fernsehen übertragen. Übrigens: CHIO steht für „Concours Hippique International Officiel“.

Dülmener Wildpferdefang

Im Merfelder Bruch im Münsterland errichtete der Herzog von Croÿ vor mehr als 150 Jahren ein Reservat für die dort seit Jahrhunderten lebenden Wildpferde. Jedes Jahr findet am letzten Samstag im Mai der berühmte „Dülmener Wildpferdefang“ statt. Dann werden alle Wildpferde in eine abgesteckte Arena getrieben. Die einjährigen Hengste werden heraussortiert, danach wird der Rest der Ponyherde wieder in die Freiheit entlassen. Die Jährlinge werden anschließend versteigert.

Hengstparaden

Im Pferdeland Deutschland besitzt jedes Bundesland ein eigenes Landesgestüt. Sie unterstehen den Ministerien für Landwirtschaft und Umwelt und werden zum Teil aus Steuergeldern finanziert. Sie erfüllen den kulturellen Auftrag, qualitätsvolle Hengste verschiedener Rassen für die Zucht bereitzustellen und so den Fortbestand und Zuchtfortschritt der jahrhundertealten deutschen Pferdetradition zu sichern.

Beliebt in der ganzen Welt

Die Beschäler der Landesgestüte sind beliebt bei Kunden in aller Welt. Die Landesgestüte können zu bestimmten Zeiten besichtigt werden; in den Sommermonaten veranstalten sie Hengstparaden. Vor Beginn der Decksaison finden Leistungsschauen und Züchtertage statt. Dann werden die Deckhengste dem interessierten Publikum präsentiert. Auch Privatgestüte bieten Veranstaltungen an, oft in Form von Auktionen, bei denen der Nachwuchs präsentiert und verkauft wird.

Equitana

Die Weltmesse des Pferdesports findet alle zwei Jahre in Essen statt. Sie präsentiert neue Trends rund ums Pferd: von der Ausrüstung für Pferd und Reiter über Ausbildungsmethoden bis zu neuen Forschungserkenntnissen in der Pferdegesundheit. Neben den Messeständen werden zahlreiche Vorführungen und Shows geboten.

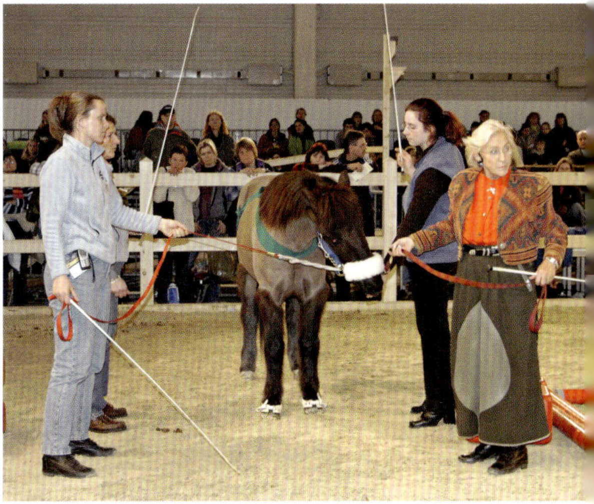

Service

Zum Weiterlesen

Alles übers Reiten

Meyners, Eckart: **Aufwärm- und Übungsprogramm für Reiter**; KOSMOS 2015
Reiter sind Athleten, aber ihr Sport unterscheidet sich von allen anderen Disziplinen. Beim Reiten geht es um Balance, um das richtige Gefühl und Geschmeidigkeit. Eckart Meyners hat ein spezielles Aufwärm-, Fitness- und Bewegungsprogramm entwickelt, mit dem Reiter das Beste aus ihrem Körper herausholen können.

Meyners, Eckart / Müller, Hannes / Niemann, Kerstin: **Das Praxisbuch – Reiten als Dialog**, Situationsanalysen & Lösungswege für Reitprobleme; KOSMOS 2014
Das eine Pferd bleibt nicht ruhig stehen, das andere muss ständig getrieben werden – Reiter und Pferd haben meist ihre ganz eigenen Schwierigkeiten. Das erfahrene Expertenteam beschreibt typische Probleme, erklärt mögliche Ursachen und zeigt individuelle Lösungsansätze auf, die sich aus der Reit- und Bewegungslehre ergeben. So findet jeder seinen persönlichen Weg für sich und sein Pferd!

Schöffmann, Dr. Britta: **Die Dressurstunde**, Trainingskonzepte für jeden Tag; KOSMOS 2015
Der sinnvolle und systematische Aufbau einer Dressurstunde ist gar nicht so leicht. Wie lange muss ich mein Pferd aufwärmen und wie intensiv darf die Arbeitsphase sein? Welche Übungen sind lösend, welche versammelnd? Vor allem Turnier- und Freizeitreiter, die häufig ohne Reitlehrer trainieren, sind dankbar für klare Anleitungen und kompetente Hilfe, wie eine Dressurstunde pferdegerecht aufgebaut sein sollte und wie sie sich und ihr Pferd verbessern können. Erfolgsautorin Britta Schöffmann erklärt Zusammenhänge, zeigt, wie es geht und erstellt individuelle Trainingspläne.

Schöffmann, Dr. Britta: **Aufgaben reiten leicht gemacht**, Praktische Tipps für alle Einzel-E-, A- und L-Dressuren; KOSMOS 2012
Das Trainingsbuch zu den aktuellen FN Dressuraufgaben bietet wertvolle Tipps zu Hilfengebung, Ausführung und Anforderungen in allen einzeln gerittenen Dressur- und Dressurreiterprüfungen der Klasse E bis L.

Schöffmann, Dr. Britta: **Lektionen richtig reiten**, Übungen von A-Z zu den aktuellen Dressuraufgaben der FN; KOSMOS 2012
Von A wie Abwenden bis Z wie Zick-Zack-Traversale findet der Reiter in diesem Buch jede wichtige Lektion ausführlich erklärt. Er erfährt, wie die Übungen richtig geritten werden, welche Fehler man vermeiden sollte und mit welchen Hilfen die Lektionen Schritt für Schritt erarbeitet werden.

Stern, Horst: **So verdient man sich die Sporen**; KOSMOS 2015
Die populärste Reitlehre der Welt im wunderbaren und unnachahmlichen Stil von Horst Stern – seit über 30 Jahren unerreicht! Horst Stern lernte selbst reiten, um dieses Buch schreiben zu können – und weiß daher genau, was Reiteinsteiger wissen wollen. Schritt für Schritt erklärt er höchst vergnüglich den Weg zum guten Reiter.

Die besten Übungen

Schöpe, Sigrid: **Reittraining mit Stangen und Pylonen**; KOSMOS 2014
Immer nur dieselben Lektionen auf dem Reitplatz – das macht wenig Spaß. Mit Stangen und Pylonen lässt sich schnell und unkompliziert ein abwechslungsreicher Parcours legen, der Pferd und Reiter vor neue Aufgaben stellt. Dieses aktuelle Buch aus der Reihe „Die besten Übungen" liefert übersichtlich und schnell erfassbar viele neue Ideen für das eigenständige Training, die das Pferd gymnastizieren und motivieren.

Wiemer, Sibylle: **Gymnastizierendes Reittraining**; KOSMOS 2013
Die erfahrene Reitlehrerin Sibylle Wiemer stellt 49 Lektionen vor, mit denen Sie zu mehr Flexibilität, Mobilität und Balance gelangen. Mit vielen Fotos, Lösungen für häufige Probleme und praktischen Tipps bietet die „Die besten Übungen"-Reihe schnelle und handfeste Informationen.

Wiemer, Sibylle: **Hufschlagfiguren** kennen und präzise reiten; KOSMOS 2015
Das korrekte Reiten von Hufschlagfiguren gehört zu jeder Reitstunde und ist das A und O der Ausbildung von Pferd und Reiter. Die erfahrene Reitlehrerin Sibylle Wiemer stellt in diesem kompakten Ratgeber alle wichtigen Bahnfiguren mit praktischen Tipps für Sitz und Hilfengebung vor.

Pferderassen

Behling, Silke: **Pferderassen**, Die 100 bekanntesten Rassen; KOSMOS 2014
Ein praktisches und kompaktes Nachschlagewerk. Silke Behling stellt die 100 beliebtesten Pferderassen anhand von informativen Texten und vielen Farbfotos vor. So setzen Sie aufs richtige Pferd!

Binder, Sibylle L.: **Pferderassen**, Herkunft und Eignung, Temperament und Wesen; KOSMOS 2015
Die Vielfalt der Pferderassen ist groß! Sibylle Luise Binder gibt Einblicke in die Besonderheiten der Rassen und stellt herausragende Vertreter in kurzen Porträts vor. Wunderschöne Fotos laden dazu ein, sich nicht nur mit der eigenen Lieblingsrasse zu befassen, sondern auch über die Pferde anderer Länder und Zuchten zu lesen.

Alles über Pferde

Amler, Ulrike: **Alles über Pferde**, Haltung, Reiten, Rassen; KOSMOS 2014
Dieses Buch hat alles, was ein gutes Einsteigerbuch braucht: Leicht verständliche Texte, die erklären, was wichtig ist. Schöne Fotos, die zeigen, worauf es ankommt und übersichtliche Doppelseiten, die eine schnelle Orientierung ermöglichen.

Schacht, Christian: **Pferdekrankheiten**, Erkennen, vorbeugen, richtig handeln; KOSMOS 2013
Ein praktisches Buch, das medizinisches Basiswissen verständlich erklärt: Woran erkenne ich, dass mein Pferd krank ist? Was muss ich tun? Die häufigsten Pferdekrankheiten, ihre Symptome und ihre Therapie, das richtige Verabreichen von Medikamenten. Themen, mit denen sich jeder Reiter auskennen sollte.

Reitabzeichen

Hölzel, Petra: **Basis-Pass Pferdekunde**, Prüfungswissen der FN für Theorie und Praxis; KOSMOS 2014
An diesem Buch kommt niemand vorbei: Der Basispass ist Voraussetzung für jeden Reiter und Pferdesportler, der sein erstes offizielles Abzeichen ablegen möchte! Nach der aktuellen APO 2014.

Hölzel, Petra: **Der Reitpass**, Das Prüfungswissen der FN in Frage und Antwort; KOSMOS 2014
Heute schon wissen, was die Prüfer morgen fragen – bessere Prüfungs-voraussetzungen kann man sich nicht verschaffen. Nach der aktuellen APO 2014.

Putz, Michael: **Die Reitabzeichen**, Prüfungswissen der FN für Theorie und Praxis; KOSMOS 2014
Dieser Ratgeber zu den Reitabzeichen ist auf dem neuesten Stand der APO 2014 und liefert aktuelles Wissen zur praktischen und theoretischen Prüfung. Mit Fragen und Lösungsantworten.

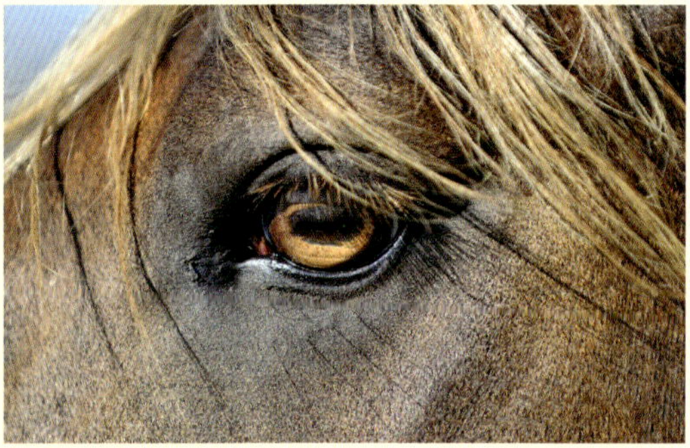

Umgang und Erziehung

Schöning, Dr. med. vet. Barbara: **Clicker-Training für Pferde**; KOSMOS 2015
Pferde lernen am besten über positive Verstärkung – das gelingt ganz einfach mit dem Clicker-Training. Motivieren Sie Ihr Pferd zu gewünschten Verhaltensweisen im Alltag, in unerwarteten Situationen, bei der Bodenarbeit und auch beim Reiten in Bahn und Gelände.

Schöning, Dr. Barbara: **Trainingsbuch Pferdeerziehung**, Schritt für Schritt zum gut erzogenen Pferd; KOSMOS 2010
Jedes Pferd kann und muss Regeln lernen! Wie dies systematisch zu erreichen ist, zeigt Dr. Barbara Schöning Schritt für Schritt in diesem Buch. Erziehungsgrundlagen werden erklärt, Probleme analysiert und vor dem Hintergrund lernbiologischen Wissens praktisch angegangen und gelöst.

Bodenarbeit

Bee, Vanessa: **Bodenarbeit**, Bewegungsspiele, Hindernisparcours, Horse Agility; KOSMOS 2014
Horse Agility ist eine besondere Art der Bodenarbeit mit Pferden – und eine echte Herausforderung für Mensch und Pferd. Vanessa Bee gibt in diesem Buch Anleitungen für das richtige Führen und den Einsatz der Körpersprache – von den ersten Übungen bis zum kompletten Horse Agility-Parcours.

Schöpe, Sigrid: **Bodenarbeit mit Pferden**; KOSMOS 2010
Hier lernen Einsteiger Schritt für Schritt, wie Bodenarbeit funktioniert. Die Basis-Übungen, aber auch einfallsreiche Variationen bis hin zu Zirkustricks trainieren das Pferd wirkungsvoll und bringen Abwechslung in den Alltag.

Schöpe, Sigrid: **Zirkustricks mit meinem Pferd**, Gymnastizieren, Motivieren, Partnerschaft stärken; KOSMOS 2012
Zirkusarbeit begeistert! Ob Spanischer Schritt, Knien, Verbeugen oder Decke ausziehen – das Einüben bringt Abwechslung in den Trainingsalltag und sorgt für eine gehörige Portion Spaß und Motivation bei Pferd und Reiter. Der einzige Fotoratgeber zum Thema!

Teschen, Babette/ Konnerth, Tania: **Praxiskurs Bodenarbeit**; KOSMOS 2013
Einen pferdegerechten, positiven und sanften Weg im Umgang mit ihrem Pferd suchen viele Pferdefreunde. Babette Teschen und Tania Konnerth zeigen, wie die Übungen Schritt für Schritt funktionieren und erklären stets auch das „Warum". Sie beginnen bei den Basisübungen über Spiel, Longieren und Gymnastizierung bis zur Freiarbeit.

Aguilar, Alfonso: **Professionelle Ausbildung am Boden**, Edition WuWei bei KOSMOS 2014
Dieses schrittweise aufgebautes Buch zeigt Übungen für jedes Pferdealter – vom ersten Aufhalftern bis zu anspruchsvollen Lektionen an der Doppellonge. Eine „Roadmap" hilft, den eigenen Trainingsstand zu bestimmen und die individuellen Ausbildungsschritte mit dem eigenen Pferd zu gehen.

Lesefutter für Pferdefreunde

Bührer-Lucke, Gisa: **Expedition Pferdekörper**; KOSMOS 2010
In den Tiefen des Pferdekörpers gibt es so manches Wunder zu entdecken. Die Autorin erklärt meisterhaft anschaulich die Abläufe und Funktionsweisen im gesunden Pferdekörper, zeigt aber auch, was bei typischen Erkrankungen im Pferd vor sich geht. Auch als E-Book erhältlich.

Bührer-Lucke, Gisa: **Expedition Pferdesprache**; KOSMOS 2014
Pferde stellen mit ihrem Verhalten auch erfahrene Reiter vor manches Rätsel. In welcher Stimmung ist das Pferd? Wie ist seine Position in der Pferdeherde? Woran erkenne ich, ob es sich wohlfühlt? Gisa Bührer-Lucke gibt in diesem Buch die Antworten und nimmt den Leser mit auf eine spannende Reise in die Welt der Pferdesprache.

Gohl, Christiane: **Was der Stallmeister noch wusste**; KOSMOS 2015
Ausflüge in eine Zeit, in der das Reiten kein Hobby, sondern ein wichtiger Teil des Lebens war, bringen Kurioses, Amüsantes und vor allem erstaunlich Nützliches ans Licht.

Rashid, Mark: **Der von den Pferden lernt**, Wie ein Horseman zum Schüler seines Pferdes wird; KOSMOS 2013
Humorvoll und einfühlsam erzählt der Pferdetrainer, wie er von seinem Ranchpferd Buck einen neuen Umgang mit Mensch und Tier lernte und selbst zu einem neuen, erfüllteren Leben fand. Der erfahrene Pferdeausbilder setzt bei der Arbeit mit Pferden auf Respekt und Vertrauen.
Auch als E-Book erhältlich.

Nützliche Adressen

Deutsche Reiterliche Vereinigung (FN)
Freiherr von Langen-Str. 13
D – 48231 Warendorf
Tel.: 0049-(0)2581-63620
www.pferd-aktuell.de

Österreichischer Pferdesportverband (OEPS)
Geiselbergstraße 26-32/Top 512
A - 1110 Wien
Tel.: 0043-(0)1-7499261
www.oeps.at

Schweizerischer Verband für Pferdesport (SVPS)
Papiermühlestr. 40 H
Postfach 726
CH – 3000 Bern 22
Tel.: 0041-(0)31-335 43 43
www.fnch.ch

FS Reitzentrum Reken
Frankenstr. 37
D – 48734 Reken
Tel.: 0049-(0)2864-2434
www.fs-reitzentrum.de

Register

Bildnachweis

264 Farbfotos wurden von Horst Streitferdt/ www.foto-streitferdt.de für dieses Buch aufgenommen.

Weitere Farbfotos sind von ALRV/Strauch mit freundlicher Genehmigung (1, S. 268 li.); Bettina Banduhn (1, S. 69 o.); Silke Behling/Kosmos (4, S. 111 r., 141 l., 168 o., 168 u.); Jean Christen/Kosmos (2, S. 64,110), Felix v. Döring/ Kosmos (4, S. 115 o., 134, 136 l., 169 l.); Ramona Dünisch/Kosmos (15, S. 97 o., 111 l, 122, 126, 137, 154, 156, 157 o., 171 u., 174, 187, 203 o., 210, 219, 260); Werner Ernst (1, S. 238); Klaus-Jürgen Guni/Kosmos (21, S. 70 o., 72 beide, 73 u., 83 l., 85 u., 100 l., 102, 103 o., 106 l., 107, 112, 119 o., 135 beide, 147, 150, 151 l., 153 u., 207 o., 207 u.); Juniors Tierbildarchiv (4, S. 39, 40 u., 41 beide); Gaby Kärcher (2, S. 38, 40 o.); Krämer Pferdesport mit freundlicher Genehmigung (3, S. 214, 215 l., 215 r.); Lothar Lenz/Kosmos (17, S. 106 r., 146, 151 r., 170, 171 o., 200, 206, 229, 245 o., 245 u., 245 r., 253, 254, 255, 259, 267, 269 r.,); Marianne Lins/Kosmos (1, S. 87 u.); Gabriele Metz (1, S. 70 u.); Julia Rau (3, S.80 u., 189, 202); Marc Rühl/horsesinmedia (1, S. 89 l.); Cristof Salata/ Kosmos (66, S. 80 o., 82 beide, 86, 87 o., 93 beide, 96, 97 u., 101 o., 106 l., 107 o., 109 o., 109 u., 115 u., 120, 124 o., 124 u., 127 o., 127 u., 128, 129 l., 130, 132, 133 o., 136 r., 140, 141 r., 142 u., 143 o., 143 u., 144, 145 o., 145 u., 148, 149 o., 149 u., 152 r., 153 o., 157 u., 158, 159 o., 159u., 160 l., 160 r., 161, 163 o., 164 r., 167 o., 167 u., 169 r., 172 r., 175 u., 176 l., 176 r., 177, 178 l., 178 r., 179, 180, 181 o., 181 u., 197 u., 199 o., 203 u., 247, 262), Christiane Slawik (5, S. 3, 4 o., 5, 270/271, 284/285); Sabine Stuewer (5, S. 71, 81 beide, 84 o., 85 o.) und Julia Wentscher/horsesinmedia (1, S. 246).

Der Verlag dankt dem Reitclub Stockhausen e. V. für die freundliche Unterstützung.

Polo Society
POLO SPORTS

Impressum

Umschlag von eStudio Calamar unter Verwendung eines Farbfotos von Christiane Slawik (Umschlagvorderseite) sowie von drei Farbfotos von Horst Streitferdt/Kosmos (Umschlagrückseite).

Mit 421 Farbfotos

MIX
Papier aus verantwortungsvollen Quellen
FSC® C110508
FSC www.fsc.org

Gedruckt auf chlorfrei gebleichtem Papier

3. aktualisierte Sonderausgabe

ISBN 978-3-440-14599-9
Redaktion: Birgit Bohnet
Produktion: Claudia Frank
Printed in Germany/Imprimé en Allemagne